你活成
什么样，
什么就是
生活真相

张军霞◎著

花山文艺出版社

图书在版编目（CIP）数据

你活成什么样，什么就是生活真相/张军霞著．—石家庄：花山文艺出版社，2018.7（2020.6 重印）
ISBN 978-7-5511-3945-8

Ⅰ．①你… Ⅱ．①张… Ⅲ．①成功心理－青年读物 Ⅳ．①B848.4-49

中国版本图书馆CIP数据核字(2018)第130682号

书　　名：	你活成什么样，什么就是生活真相
著　　者：	张军霞
责任编辑：	李　爽
责任校对：	温学蕾
封面设计：	刘红刚
美术编辑：	胡彤亮
出版发行：	花山文艺出版社（邮政编码：050061）
	（河北省石家庄市友谊北大街330号）
销售热线：	0311-88643221/29/31/32/26
传　　真：	0311-88643225
印　　刷：	三河市金泰源印务有限公司
经　　销：	新华书店
开　　本：	880×1230　1/32
印　　张：	7
字　　数：	170千字
版　　次：	2018年7月第1版
	2020年6月第2次印刷
书　　号：	ISBN 978-7-5511-3945-8
定　　价：	38.00元

（版权所有　翻印必究·印装有误　负责调换）

序言

我那么努力,是为了成就更好的人生

小时候,我的父亲在书店上班。我时常像个小尾巴一样跟在他的后面,穿梭于那一排排高大的书架之间,玩得累了,顺手拿一本小人儿书,不识一个字,也能看得津津有味。等到后来背起书包上学,认识的字越来越多,读课外书成了我学习之余最大的乐趣。

那时候,住在同一个院子里的小朋友,都喜欢抢着讨好我,上学时替我背书包,得到一块糖果从中间咬开,分给我一半,因为他们最害怕我哪天不开心,忽然不愿意讲故事了。我每次讲故事时,他们都会团团围住我,眼睛睁得大大的,听到最精彩的地方,鼻涕淌下来也顾不得去抹一下。这时候的我,是多么扬扬得意啊。

我并不是总能这样得意的,那时最害怕上数学课,尽管我识了那么多的字,会讲许多别人没听过的故事,可我怎么也弄不明白那些鸡兔同笼的应用题。最开始,那个教数学的女老师,对我还算有耐心,她有时讲着课就停下来,问一句:"军霞听懂了吗?"只要我答一声听懂了,老师就长长地松一口气,因为那就意味着全班同学都听懂了。可惜,这样的情况很少,更多的时候,我总是目光迷离地盯着黑板,用比蚊子哼哼还小的声音回答:"听不懂……"

"我从来没遇到过这么笨的学生,怎么讲都不开窍,你的脑袋是榆木疙瘩吗?"在反复为我补习都没有效果之后,这句话成了我的数学老师的口头禅，而我一次次被骂得当众抬不起头来，小女孩的自尊心碎落一地。

为了证明自己不笨，本来就喜欢语文课的我，更加努力地学好这门课，白天认真听课，不敢漏掉老师说的每一个字，晚上还要好好温习几遍，睡觉时课本都要拿到枕头边才行。于是，我默背课文从来都是一字不差，抄写生字总是第一个完成，遣词造句对我来说是小菜一碟，等后来有了作文课，我的作文总是写得又快又好，时常被贴到教室后面的黑板上当范文。

有一次，因为我在语文测验中又得了第一名，老师当众夸我道："你真是个聪明的孩子！"没想这样一句夸奖的话，竟然让我当众大哭起来。老师以为夸的力度不够，赶快补充了一句："你不仅仅是聪明，而且非常棒！"

我哭得更厉害了，语文老师不会知道，我所有的泪水，都是因为终于摘下了数学老师给我戴上的那顶"笨"帽子。

在此后求学的过程中，我多次尝试着把数学学好，可一次次败下阵来。于是，我只好努力学好语文，唯恐再次成为大家眼中的笨孩子。你们看啊，至少，我还有一门功课是擅长的，证明我的脑袋不是榆木疙瘩，数学老师骂我的那句话，在我们当地是形容一个人笨的最高级别的词汇，意味着笨到了不可救药。

离开校园之后，我到一个离家很远的小镇上班。单位在一个有着三排大瓦房的大院子里，除了上班的职工，还有不少家属也带着孩子住在这里。每天下班之后，院子里就会变得十分热闹。有人聚在一起打扑克，也有人变着花样织毛衣。

最开始，总有人喊我去打扑克，他们的玩法通常需要两两一组的四个人，从小几乎没摸过扑克牌的我，在反复听他们讲了好几遍游戏规则后，懵懵懂懂地发牌，却总是被叫停："错了，又错了，不是这样玩的！"跟我搭档的那个人，更是急得火冒三丈，恨不得把我手里的扑克全都夺过去。

谁跟我搭档，必输无疑，最后，他们一致认为我太笨，把我赶出了打扑克的阵营，而我本来也不喜欢玩，正好赶快逃离。

我惶恐地加入了织毛衣的队伍，也买了毛线和毛衣针，恳求住在后院的一位婶婶，手把手教我织一种大衣领子。当年，这种毛线织的假领子很流行，我熬了几天几夜，把好几副毛衣针都弄得弯曲变形，还付出了指尖被戳破了几个血口子的代价，终于完成了生平第一件杰作，当我把这个皱巴巴的毛衣领子带回家送给母亲时，她"哦"了一声，对从来不谙女红的我，居然会拿毛衣针表现出十分的惊讶。然后，就没有下文了，至于那个领子，我从来没看到她用过一次。

接下来，当我雄心勃勃表示要学织一件毛衣时，那位婶婶捂着嘴笑了，然后才认真地说："省省力气吧，你的手太笨，教你织一件毛衣的工夫，我都能织出十件了。"我这个一心求进步的好孩子，居然又一次被贴上了"笨"的标签，难道真的要无所事事地混下去吗？

当然不，我开始看书，那些上学时没空看、心里又一直惦记着的文学名著，被我整套买回来阅读。我终于找到了最适合自己的业余爱好，常常到了废寝忘食的地步。于是，同事们又送了我一个新的外号：书呆子。

我要证明自己并不笨，于是更努力地看书，看的书多了终于手痒起来，重拾上学时的文学梦。我开始疯狂地爬格子，那时宿舍里的暖气不太好，趴在电脑前写累了，我就转到床上，躲在被窝里用笔继续写。寂静的夜，笔尖在稿纸上沙沙的声音，往往会一直持续到深夜，有时手太冷了，就放到被窝里面暖一暖。

我开始投稿。最开始，总是石沉大海。后来，终于有一天，一家小报采用了我的一篇稿件，受到鼓舞的我写得更加认真，坚持每天写，连节假日也不休息。所谓天道酬勤就是这样吧，坚持了两年之后，我的名字开始出现在全国各地大大小小的报刊上，随之而来的是源源不断的稿费单。

那些当初笑我笨的同事，终于不得不承认：这姑娘似乎并不笨，因为她是这小镇上唯一总是到邮局领稿费单的人。

听到这样的评语，我十分淡定地笑笑，继续利用业余时间读书写字，因为我心里还有更大的梦想。

我的梦想是要出书。

当我在一次聊天时，跟一位文友小心翼翼地说起这件事时，她哈哈大笑："就咱们这样的笨人，写写小豆腐块儿文章，有地方发表就不错了，怎么可能出书呢？你真是痴人说梦啊！"做梦有什么不好？想想吧，我的家里有一排排的书架，书架上有一排又一排的书，如果有一天，我自己写的书也摆了上去，不是一件很美好的事吗？

我埋头整理自己写过的文字，发现有很多稿件的质量根本不行，直接淘汰一批。第二批看着还不错，都是在报刊上发表过的，整理到一起之后,感觉对整体风格有影响的,再淘汰一批。接下来,除了将剩下的文章在电脑上用软件一一校对之外,我又把它们打印下来,整理成册,拿着笔仔细校对,这个枯燥的过程一直持续了一个多月,白天要上班,这些事情只能晚上来做,有时候困到眼皮也睁不开,想起那个文友说的什么笨人还想出书,就忽然又精神起来,不试一试怎么知道不行呢?

那时,我加入了一家图书工作室的聊天群,每天看到编辑在群里喊,谁谁的稿件又过了,谁谁又接新选题了,我心中羡慕得不得了,等到自己的书稿整理好之后,我却又失去了最初的勇气,像那位文友所说的,我这么笨的人,真的可以出书吗?

直到有一天,编辑在群里说,"某出版社约的情感类系列图书,已经全部报送过去,这项工作基本结束了。"我这时仔细看编辑最开始的约稿,发现自己的书稿其实非常适合这个系列,于是小心翼翼地问他:"现在,还可以投稿吗?""已经结束了,我刚刚才给出版社发过邮件。"编辑淡淡地说。

"能不能再试一下?"一向不喜欢求人的我豁出去了。编辑想了想,终于说:"把稿子发过来,试试看吧。"我轻轻地点击鼠标,看到邮件顺利发出去,立刻关掉电脑去休息了。我不敢奢望什么好消息,第二天编辑却很早就跑来说,我的书稿已经补上去了,让我等候佳音。

不久,好消息真的来了,书稿顺利通过。又过了半年,我的第一本情感类随笔集《爱情不在这条街》正式出版,我把自己的书摆在书架上,我用稿费请全家人吃饭,回想起文友说过的话,我庆幸自己没有被"笨"字吓倒。

从此，我对写作之路更有信心。我坚持每天凌晨四点起床，打开电脑开始写作，一口气写三个小时；我坚持每天读两本不同的书，每本书至少读五十页。我保持这样的规律生活，一年四季天天如此，除非生病或突然有紧急的事情，否则，绝不打乱。

　　我身在职场，每天八小时之内要工作；我是妈妈，是妻子，也是女儿，生活中要担当不同的责任，这些责任的实现都需要时间。我能做到的就是高度自律，在保证基本睡眠的情况下，绝不再浪费一点儿时间。于是，我在三年多的时间里，前前后后一共出了六本书。

　　我并不是一个多么勤奋的人，更不是一个聪明的人，我只是一次又一次，想撕下别人为我贴的"笨"标签。

　　一个人或许没有办法掌握生命的长度，却可以改变生命的高度，而一个人的人生能够达到的高度，会与她付出的时间和努力成正比。只要心中有目标，为之持续花费的时间越多，成功的概率越大。天道酬勤，所有的努力都不会白费，而努力的程度，最终决定着成功的可能性。对此，我坚信不疑。

　　我越来越多地听到别人跟我说，你真努力。而我却想说，哪里是什么努力，我分明是害怕别人说自己太笨而已。

　　而在这个世界上，比笨更可怕的，是找不到努力的方向。

　　你，找对了吗？

你的朋友：军霞

2017年9月

目 录

Chapter 1

/

你只看到我鲜衣怒马,哪知我曾深夜痛哭

一个人只有在非常绝望时,才会忍不住在深夜里痛哭,没有经历过这种撕心裂肺之痛的人,不足以语人生。

01	不被闲置的人,活得不会太差	003
02	别怕被人瞧不起,总有一天让他高攀不起	009
03	你读了那么多鸡汤文,为什么离成功还是那么远?	013
04	你只看到我鲜衣怒马,哪知我曾深夜痛哭	020
05	当年吃过的苦是你走出低谷的路	026
06	人生都曾有低谷,你哭的样子好丑!	032
07	世界不会陪你难过	038
08	那个曾经当街痛哭的孩子,后来过得怎么样?	044

Chapter 2

/

过自己想要的生活,才是你最大的成功

不要总是企图取悦别人,不必勉强融入某个圈子,遵从自己的内心,做独立的自己。人生太短,每个人都有不同的路要走。

01	努力,只是为了不想辜负自己	053
02	过自己想要的生活才是你最大的成功	059
03	想让别人闭嘴,你必须得值钱	066
04	你可以成全别人,但不要为难自己	071
05	你过得不快乐,跟这三个字有关	076
06	宁愿心动一秒,也不要心碎一生	084
07	我要嫁给爱情,不要嫁给婚姻	092
08	女人能不能过好这一生,往往由这一点决定	100

Chapter 3

/

生活没有如果,只有后果和结果

人生不是凭空想出来的,你有那么多的如果,却舍不得付出行动,凭什么还想要更好的人生?

01	生活没有如果,只有结果和后果	109
02	你当年没说的那句话,这辈子都不用说了	115
03	爱情很贵,别再为谁犯贱	123
04	你不爱我了,我还剩下什么?	131
05	不用等了,现在就可以拥有诗和远方	139
06	我过得最难的时候你不在,以后也不需要了	145
07	如果前任这样做,那就是真的不爱你了	150
08	我就是那个坐在宝马车里笑的姑娘	157

Chapter 4

/

姑娘，你也可以活得很漂亮

我们要做这样的女子：相信自己手中握着幸福的能量，和时光握手言和，不畏惧衰老，活在当下，做自己人生的主人。

01	晚睡很容易，你敢早起吗？	165
02	姑娘，你为什么不如别人活得漂亮？	173
03	你不用那么美，惊艳一个人就好	180
04	你活得那么累，只因为做错了一件事	184
05	远离你身边低层次的人	188
06	所有的失恋，都是为了给真爱让路	194
07	那个很爱钱的姑娘，后来怎么样了？	199
08	婚姻里，女人最怕失去的是什么？	206

Chapter 1

你只看到我鲜衣怒马,
　　哪知我曾深夜痛哭

Chapter 1

一个人只有在非常绝望时,
才会忍不住在深夜里痛哭,
没有经历过这种撕心裂肺之痛的人,
不足以语人生。

01　不被闲置的人，活得不会太差

早晨被闹钟吵醒，我习惯性地拿起手机，看到邻居家的女孩小莫，又在朋友圈里晒网购的新衣服。这个女孩喜欢购物，每天手机从不离身，随时随地都要刷刷某宝，否则就会像患了重感冒一样，浑身都没劲。

据说，她有一次给好友当伴娘，婚礼进行到一半时，她发现自己的手机没电了，竟然没等到婚宴开始就提前溜之大吉，气得新娘子差点跟她绝交。

一年前，小莫大学毕业，父母托熟人把她安排到一家效益很不错的大企业当文员。最开始，小莫也曾受到领导的重视，她长得漂亮，又有文凭，看起来也是精明能干的模样。

而实际并非如此，领导交给小莫整理的资料，连续出现问题，连装订时页数颠倒这样的低级错误都犯了好几次，导致这种情况的根本原因只有一个，她的心思全在网购上。

后来,领导干脆不再给小莫安排重要任务,就算别的同事都忙得团团转,她却只要按时上班,抹几下桌子,接接电话就可以。慢慢地,小莫竟然喜欢上了这种被闲置的感觉,一边拿着不错的薪水,一边有充裕的时间网购,真是太惬意了!

可惜的是,半年之后,公司人员调整,小莫成了第一个被炒鱿鱼的人,她不服气,追着领导问:"为什么是我?"领导冷冷地说:"我这里一个萝卜一个坑,不会长时间养闲人。"

小莫无语,只能收拾自己的东西,灰头土脸地走了。

人在职场,别以为"不派任务、薪资照发"是一件多么美妙的事情,被闲置就意味着你暂时成了一个多余的人,迟早有一天,你会因为自己的脚步落后于公司发展的步伐而付出沉重的代价。

那么,发现自己被闲置怎么办?一定要冷静地分析原因,不能像小莫那样扬扬得意、自以为占了大便宜,也不要把时间花在等待或者抱怨上。仔细想想,是领导有意排挤自己还是自己哪里做错了。

这样下去,大好的时光会不会被荒废?应该继续等待机会,还是趁早另谋高就?

明白了自己被闲置的原因,根据不同情况采取对策,才是明智的职场之道。

多年前,我认识一个貌美如花的女孩,她嫁了一个私企老板。

丈夫当初追她时,为了从众多追求者中脱颖而出费尽了周折,婚后也一直对她疼爱有加。她被这份美好的爱情滋养着,在生下一双儿女之后,仍然过着十指不沾阳春水的日子,因为保养得好,在同龄人相继变成黄脸婆时,她仍然娇美如花,举手投足间散发出成熟的魅力。

她不需要做家务,因为有小时工每天都会来收拾。

她不需要照料孩子,因为家里有专职的保姆。

她不需要为公司的事情操心,因为老公一直都非常能干,也从来不把烦心的事情带回家。

她完全不像两个孩子的妈妈,随时都可以开始一场自己喜欢的旅行,这样的生活状态,为她招来了数不清的羡慕嫉妒恨。

那年春天,她跑了很远的路,只为了去看传说中美轮美奂的桃花,没想到由于当地天气骤然变冷,她迟迟没有办法看到桃花满山谷的美景。因为不甘心,她干脆留下来慢慢等,好在那个地方除了桃花,还有很多不错的地方值得逛一逛。

她比预定的时间整整推迟了十天才到家。

当她风尘仆仆地推开家门,看到屋子里被小时工收拾得井井有条,一尘不染。孩子们正在客厅里一左一右地围着保姆,看到她来,他们只是匆匆地说了一句:"妈妈回来啦!"然后就转过头去说,"阿姨快讲,小狐狸后来被大灰狼吃掉了吗?"

丈夫笑着接过她的行李,简单地聊了几句,公司的秘书就打来电话,提醒他晚上有一场重要的宴会。丈夫无奈地耸耸肩,轻轻拥抱了一下她，匆匆地走了。

那一刻，她忽然有了一种被闲置的感觉：她这么久不在家，房子里保持着干净整洁，孩子们生活得快快乐乐，丈夫也照常忙自己的事业……

在一桩貌似美满幸福的婚姻里，从什么时候开始，她这个女主人成了一个可有可无的角色？这样想着，她忍不住倒吸了一口冷气，悄悄下决心要改变自己。

她一向喜欢绿植，一口气买来许多花花草草，把家里布置得绿意盎然，生机勃勃。

她未嫁之前，也是个爱厨艺的姑娘，虽然荒废了几年，重新捡回来并不难，于是她时不时给保姆放假，自己下厨烧几道拿手的好菜。

她用更多的时间陪伴孩子，就算要旅行也尽量把他们带在自己身边。

一家知名公司招聘销售主管，正好与她大学时所学的专业符合，她悄悄应聘去上班。丈夫不解地说："在家里感觉不好吗？就算想上班，也可以到咱们的公司来……"她淡淡地一笑："我不想跟社会脱节太久，我也不想打扰你的工作，这样更好些。"

年终，公司安排一批业务佼佼者去海边度假，她也在其中，离开家还没三天，家里的电话一个接一个地打来，孩子们说："妈妈快回来，没有你讲的晚安故事，我们睡不着觉……"

丈夫也像个孩子一样抱怨："保姆烧的菜不好吃，我都被饿瘦了。还有,那些绿植没有你打理,也跟我一样无精打采……"

她知道,自己被闲置的状态已经结束,于是决定提前结束休假,一路快马加鞭赶回家,累出了汗,却笑出了泪。

我常去一家快餐店吃饭,认识了三个姑娘,她们也是这家店的常客,慢慢熟悉起来,知道她们三个都大学毕业不久,打着不同的工,却有一个共同的计划:准备考研。为了这个目标,她们总是来去匆匆,下了班就学习,偶尔到快餐店来一趟,就算是出来透气了。

忽然有一天,发现A姑娘很久不来了,原来她是第一个退出三人阵营的,已经找到如意郎君忙着要出嫁了。说起来三个姑娘的家境都很普通,容貌也一般,各自的工作都不太如意,这才一个个咬着牙要考研,希望成功之后至少能够改变一下工作环境。

A姑娘的故事版本是这样的:她偶然参加高中同学的聚会,当年暗恋她的一个帅小伙,已经摇身一变成了房产公司的老板。当年,她对他也并非没有好感,只是胆子太小,不敢尝试早恋。如今,男未婚,女未嫁,重逢来得不早也不晚,他们很自然地在一起了。A姑娘直接帮男友去打理公司,决定不再考研了。

自从A姑娘退出之后,我见到B姑娘的次数越来越多,她对考研变得心不在焉,时常感叹就算考研成功,也不知道还要拼多少年才能过上有房有车的生活。从此,她让自己的学习资料都束之高阁,时常跑去跟A姑娘套近乎,奢望打入她的朋友圈,说不定借光也能捡一个高富帅的男友回来。

当然,这些话我是听C姑娘说的,她自己还像从前那样行色匆匆,工作之余抓紧学习,她也曾劝B姑娘:"如果每个人都像A姑娘那样,世界上也就没有幸运这个词了。作为普通人,咱们还是自己努力来得更靠谱一些。"

B姑娘听不进去,继续无所事事,考研日期临近时,才又慌乱地拿起书本临时抱佛脚,已经晚了。

不出所料,C姑娘考研成功。

我一直和她保持联系,知道她在读研时认识了一个志趣相投的男孩。两人毕业之后又一起创业,最开始也吃了不少苦头,到后来终于房子和车子都有了。幸福来得只不过比A姑娘晚了几年,但每一步都走得很扎实。

我后来也见过B姑娘,她仍然在一家超市当收银员,反复向我抱怨A姑娘和C姑娘都很幸运,唯有自己命最苦。

其实,真正的幸运总是在等待着有资格享受的人。

说起来,A姑娘的幸运倒是真的,但是人家C姑娘深夜苦读备考时,你却让自己的学习资料都蒙了厚厚的灰尘,每天无所事事地闲逛,白白浪费了大好青春,最终错失了改变命运的机会,怪得着别人吗?

我一直相信这样一句话:无论到什么时候,那些努力进取的人,活得都不会太差,一定。

02　别怕被人瞧不起，总有一天让他高攀不起

我认识一个叫安平平的女孩，她很爱美，走到哪儿都喜欢照镜子，如果她去一趟厕所半天不出来，多半是发现鼻子上忽然长了小痘痘什么的，急着用百度想解决办法。

安平平喜欢玩自拍，拍完了发到朋友圈，等着收获朋友们的点赞，反正她的工作又不忙，闲着也是闲着。

有一次，主管召集公司的几个年轻人开会，准备去搞一场宣传活动，安平平迟到了几分钟，她准备进会议室时，正巧听到一个同事说："坏了，刚发现参加活动的是十二个人，咱们租的车只能坐十一个人……"

另一个同事说："那就不用让安平平去了吧？反正她什么也不会，到哪儿都像花瓶。"大家哄堂大笑，安平平羞愧地回到办公室，关上房门，狠狠地哭了一场。

那个瞧不起安平平的同事，其实就坐在她的对面办公，平时两

人在一起有说有笑,她从来不知道,自己竟然被这个人如此藐视。

安平平哭完之后,第一件事情就是重新化妆,不让任何人看到自己的狼狈,第二件事就是给自己定了一个学习计划,每天必须保证完成任务,否则,第二天出门不许化妆,一个月之内不许买新衣服,对于一个爱美如命的女孩来说,这样的惩罚也算够狠了。

从此,安平平开始拼命地啃业务书,每当看不下去,想要放弃时,她就独自悄悄哭一会儿,洗洗脸,补个妆,接着再看。这样坚持了半年,安平平的业务水平得到迅速提升。一年之后,她去参加总公司的业务知识竞赛,竟然得了第一名,让所有的人都不由得对她刮目相看。

又过了两年,主管升职,点名让安平平接替了自己原来的位子,那个瞧不起她的人,成了她的直接下属。安平平始终没有办法喜欢这位同事,也不想如同别人猜想的那样,采取什么报复行动,而是直接向领导申请,把这位同事转到另一个更适合她发展的部门,皆大欢喜。

被人瞧不起,都是因为自己不够努力。而在成功之后的不计前嫌,这不是懦弱,而是不想降低人生的层次,是对自己和别人的一种尊重。

我的老同学诗诗,当年上大学的时候,本来不想考研,但她那时喜欢一个高冷帅气的男孩,追人家追得很辛苦,好不容易两个人才在一起,没等诗诗松一口气,对方就跟她说:"不知道你有什么打算,反正我是一定要考研的。"

诗诗赶快调整自己的状态,一路小跑着买回了大堆的学习资料,她深爱着他,就算为了坚守这段感情,也要紧紧跟上他的脚步。让诗诗没想到的是,在紧张地备考过程中,男友从来没有一句鼓励的话,反而一次次讽刺她:"还是别折腾了,如果你都能考上,猪都会飞了!"

被冷嘲热讽的次数多了,诗诗当然会生气。有一次,两个人吵得不可开交时,对方恶狠狠甩过来一句话:"我们分手吧!"

诗诗被吓蒙了,那时的她觉得离开这个男孩,自己一定不能活了。于是,为了留住这段感情,她开始对他各种纠缠和哀求,就差下跪了。他不肯答应,反而冷冷地说:"你真让我瞧不起,跟你在一起好丢人!"

这句话起到了狗血的作用,一下子让诗诗清醒过来:我这是怎么了?至于这样作践自己吗?她躲在被子里哭了整整一夜,然后开始奋发努力,努力,再努力。最后,她考研成功了,他却没考上。这时,他反过来求诗诗,希望两人复合,被她坚决地拒绝了。

他们各自成家,中断联系很多年之后,他忽然向诗诗发来求助信息:

妻子身患重病,花光了家里所有的积蓄,还欠下了巨额外债……

诗诗联系当年的同学一起筹款,并且带头捐出了数额最大的一笔款。

诗诗的闺蜜得知了这件事,忍不住问她:"他当年那么瞧不起你,你居然这样帮他,难道旧情难忘?"诗诗坦然一笑:"当年我把自己低到尘埃里,被他瞧不起,也算活该;现在如果我心胸狭窄,因为记着旧账不帮他,恐怕连自己都要瞧不起自己了。"

曾经被你瞧不起,但是我不记恨你,反而在关键时刻出手相助,这是做人的更高境界。

俗话说得好,金无足赤,人无完人。

现实生活中,我们或许会因为出身贫寒、工作能力差、不够聪明、其貌不扬,甚至天生有身体方面的残疾等种种原因,曾经有过被别人瞧不起的经历:

他们用眼神、语言或者动作表达出来的蔑视,像一支支利箭,让我们原本就脆弱的自尊碎落一地,其中有不少人,因为这样的蔑视更加自卑,从此活得战战兢兢,永远也没能走出被人瞧不起的状态。

一个聪明的人,会把这种瞧不起变成前进的动力,直面自己的不足之处,不断提升自己,逼着自己改变,直到实现人生的逆袭。

最后,还要记得一件事:就算自己有能力了,也不要轻易瞧不起不如你的人,因为很可能当年的你也是这样的。

03 你读了那么多鸡汤文,为什么离成功还是那么远?

去参加一场婚宴,坐在我旁边的是亲戚家的一个妹妹,她除了吃菜时要拿筷子,全程都在刷手机,时不时还会对我惊呼:"你看,这个姑娘多厉害,三个月减了20公斤!我一定要学她,一定要减肥!"

我伸过头去看,发现她正在读的是一篇有关减肥方面的文章,再看看这位妹妹身高不足一米六而体重大约65公斤左右的样子,我想,她的确也该减肥了。

接下来的日子,我看到她天天在朋友圈里晒减肥日志:

今天早晨喝粥,中午一份素食,晚上蔬菜拼盘一份!

买了跑步机,坚持每天早晚各跑半个小时。

朋友请吃烤肉,被我果断拒绝……

上班不开车,走着去!

……

好妹子，果然十分努力，我不由得从心底为她点赞。

三个月之后，因为一位长辈过生日，我们再度重逢，我知道她也来了，满怀期待地在人群中寻找一位变瘦的小美女，好不容易才在角落里看到她，正在埋头狂吃红烧肉，看到我来了，她微微一笑站起来打招呼，身材一点儿也没有变，还是那么胖！

没等我开口询问，她叹息着说："减肥真受罪啊，一点儿也不敢多吃，饿得头晕眼花，还要整天跑啊跑，我坚持了不到半个月，就彻底放弃了……我听说有一种减肥药不错，体重降下来的同时，全程都很轻松，过几天就去试试！"

这时，服务员又端上来一盘炸鸡，她飞快地夹起一大块，吃得满嘴流油，不亦乐乎，我不由得在心中哀叹：那篇关于减肥的鸡汤文，她算是白读了！

那篇文章的作者也是一位姑娘，人家减肥全部依靠了坚强的毅力：她调整饮食，不吃太油腻的东西，但一日三餐正常吃，早晨有牛奶和鸡蛋，晚上饿了只拿少量水果当零食；她没有吃任何减肥药，但是每天早晨五点起床跑步一个小时，如果遇到天气恶劣实在出不去，晚上也一定要把早晨欠下的功课补上……

还有很重要的一点，在体重减下来之后，为了防止反弹，她继续坚持跑步，只是把时间缩短为半个小时，饮食也仍然坚持健康的方式，拒绝油腻。于是，一年过去，两年过去，姑娘一直保持火辣身材。

再来看我这位妹妹，继续当吃货，不想锻炼，什么样的减肥药能救得了她？

如果一个人想做成某件事情，强烈的愿望固然重要，能否坚持下去才是问题的关键，别人把自己从头到尾坚持的过程总结出来，你只看懂了标题和结果，直接把努力的过程忽略掉，就想实现所谓的成功，可能吗？

一年前，我们公司新招来几个大学生，他们在各自的岗位上工作三个月之后，主管领导召开座谈会，让他们谈谈工作体会。他们都认真地写了稿子，打印下来直接对着念，只有一个女孩，抱了自己的笔记本电脑进会议室，直接用PPT来演示工作目标、采取的措施和最终成绩，图文并茂，一目了然，领导大为赞赏，当场决定将她从一个类似打杂的岗位，直接调到策划部。

座谈会结束之后，坐在我对面的小伙子哀叹道："其实我干的工作一点儿也不比她少，我们之间，不就是差了一个PPT的距离吗？"他快速上网搜索，关注了几位PPT方面的大咖的公众号，开始每天都读一些相关的鸡汤文。

一个月之后，领导再次召集他们开会，大家吸取了上次的经验，每个人都抱了笔记本，用PPT来总结自己的工作，那个女孩当然也不例外，让大家惊讶的是，她这次仍然做了PPT，但不再是简单的数据表，而是从色调、图片、主题和文字等多方面做了精心安排，再次让所有的人眼前一亮。

回到办公室，我问坐在对面的小伙子："你读了那么多的鸡汤文，难道就没有学到一点儿如何把PPT做漂亮的方法吗？"他不好意思地说："那些文章里倒是有不少技巧性的东西，我也看了，就是感觉太麻烦，没有按照步骤去做……"

我瞬间无语。

你读了鸡汤文，也看到了别人成功的经验，掌握了人家辛苦总结出来的方法，却不肯应用到实践中，仍然沿用陈旧的思维做事情，这就是你为什么看起来每天都在学习，人生却一直不能走出困局的原因之一。

我的一个邻居是二胎妈妈，二宝快要上幼儿园了，她一直没有出去工作，每天最喜欢刷手机看鸡汤文。她虽然意识到自己没有收入、花钱都要向丈夫要，即使他从来没说过什么，但婆婆有时会流露出自己的儿子很辛苦、要赚钱养活全家人的意思，弄得她心里很不舒服。

她最喜欢看类似《全职妈妈如何赚钱》《宝妈在家带孩子也能月入万元》《她是两个孩子的妈妈，也是最成功的微商》的鸡汤文，每次读完，都觉得满腔热血，发誓再不能就这样下去了，开始苦苦思考，要怎样才能逆袭，从而实现一个月赚几万的美梦。

事实却是，她每次的热血沸腾只能保持几天的热度。如今，二宝早就上幼儿园了，她还是每天送完孩子，就躺在家里刷手机，这下连丈夫也说："你好歹找点儿事情做，不图赚多少，起码不会闲得这么无聊啊。"这话让她恼了，跑来向我抱怨："我哪里闲着了，天天都在学习，一直在找适合自己的项目。"

她的确想过很多，比如开网店卖衣服，比如在家里做私家菜，比如帮别人带孩子等等，可每次兴奋不了几分钟，却又被种种困难吓倒，感觉自己这也不行，那也不行，只好拿起手机继续刷下去，一直刷啊刷，一天又一天……

读了那么多鸡汤文，也看了那么多道理，看似很努力，却只停留在羡慕别人的层次，从来不敢付诸行动，前怕狼后怕虎。对于这样的人，别说喝鸡汤，啃鸡肉也没用啊。一旦真的看准机会，行动和决心才是最重要的。

每天有那么多人热衷于读鸡汤文，因为它们在一定程度上传递的是正能量，鼓励大家追求美好向上的生活，让我们心中有所渴望，然后付诸行动。

可惜读完鸡汤文，真正行动起来的人却寥寥无几，有一家权威机构的研究表明，超过 40% 的行动者每天执行的不是决定，而是习惯，也就是说你读了鸡汤文，也被励志了，但是热血只沸腾了几分钟，转眼又回到平常生活中去了。

我们第一件要做的事情就是消化鸡汤文的营养，把它变成实际行动。

确定一件适合自己做的事情，制订一个循序渐进式的目标，最开始可以是一些力所能及却从来没有尝试过的事情，比如每天早起半个小时,坚持每个月读完一本书之类,你会因为完成了这些新鲜而简单的事情产生一种成就感,至少可以把自己从消极的状态中拯救出来。

想象你坚持完成某项挑战之后的幸福:比如,一个爱美的姑娘在成功减肥之后,逛商场看到好看的衣服,再也不用担心尺码问题,想穿什么就穿什么,想有多美就有多美;比如一个被婆婆瞧不起的小媳妇,在实现月入多少元之后,潇洒地给全家人买从前不舍得买的礼物,看她再敢瞧不起你!

不要以为这样的想象只是做做美梦而已,它会成为你坚持下去的动力。

找出可能阻碍你完成行动的障碍,先估量一下它的难度指数,这样等到难题真的出现时,你心中已经有了应对方案,防止一下子被打倒,所有的努力都付之东流。同时,也让自己清醒地看到实现目标还有多大差距,应该如何去弥补。

最后关键的一条是,制订好计划之后,不要给自己偷懒的借口,比如,今天心情不好,明天再做事;今天就这样吧,先出去放松一下……你要明白,那些鸡汤文里实现梦想的主人公,当初的状态可能比你还要糟糕,可正是凭借了持续不断的努力,才慢慢地走向了成功。

当然,如果你每天读鸡汤文的目的,只是想寻找一种捷径——让自己不必付出那么多,希望只要像电视机的遥控器一样,轻轻地点某个按钮,然后就能达到目的;嘿嘿,你倒是想得挺美啊,还是醒醒吧。

读鸡汤文,本身没有错,读完之后,让它过过脑子消化一下,然后付诸行动,起码动动脚指头站起来,如果永远只肯动手指头,让它保持在手机上运动的状态,读再多的鸡汤文都没有用。

因为,就算鸡汤有营养,喝得太多而不行动就会消化不良,白白虚度时光,等于中毒。

不要做语言的巨人、行动的矮子,因为一万次空想不如一次行动。行动才是唯一的解药。

04 你只看到我鲜衣怒马,哪知我曾深夜痛哭

米丽意识到自己太胖,是因为有一天电梯出故障。

公司在21层,必须爬楼梯才能上去办公。当时一起等电梯的,一共9个人,米丽是最后一个爬上去的,身高不到一米六、体重却达80公斤的她,平时超过200米的地方都要开车,这样爬楼梯是一种很大的挑战,要不是想到有一份资料当天必须整理好,她都打算找个理由直接请假回家了。

慢慢爬,使劲爬,看到第21层的标志时,米丽几乎要瘫倒在地,头发散了,鞋带开了,衣服从里到外都被汗水浸湿,别提有多尴尬了。更尴尬的是,她听到几个同事在说笑,有人问:"米丽来了吗?"有一个声音娇滴滴地回答:"今天这种情况,你要等她,怕是要等到花儿也谢了!"接下来是集体的哄堂大笑,有人甚至哼起了《蜗牛之歌》。

被人嘲笑还不算,关键是那个说话总是娇滴滴的女孩,是米

丽在公司最大的对手，两人同一年入职，平时工作业绩也几乎不相上下，但是遇到评选优秀之类的事情，这个女孩子永远都比她占上风，难道就因为自己比她胖吗？

米丽下定决心要减肥，不给自己任何偷懒的借口，她定下了严格的计划：每天早晚各跑步一个小时。说起来容易，做起来好难，对于习惯了睡懒觉的米丽来说，提前一个小时起床，本身就是一种挣扎，至于晚上，她从前最喜欢的事情就是洗个热水澡，在床头放一堆薯条之类的零食，然后开始拿着手机追电视剧……

万事开头难，第一天跑下来，米丽的脚就起了血泡，上班时走路尽量用脚尖，姿势别提多奇怪了。第二天，她换了一双轻便的鞋子继续跑，却感觉肌肉酸痛得要命。第三天寒流来了，她裹了一件厚披肩，又下楼去了，当天就患上了严重感冒……

不知有多少次，米丽都不想再坚持了，她晚上揉着酸痛的腿，躲在被窝里哭，哭着哭着睡着了。到了第二天早晨，她又抖擞精神穿上跑鞋冲下楼去。

这样坚持了半年之后，米丽的体重减了10公斤，同事们都感觉到了她的变化，那个娇滴滴的女生更是故意当众问道："米丽姐吃了什么减肥药啊，不要自己偷偷藏着，也给大家推荐一下呀！"

米丽坦然一笑，什么也没说，不知从哪天开始，她忘记了自己减肥的初衷是为了打败这个女孩，当坚持成了一种习惯，最初的痛苦和挣扎早已经不存在，努力反而成了一种享受的过程。

如今，两年过去了，米丽还在坚持跑步，她的体重已经稳定地保持在50公斤左右。减肥对于她来说，不再是为了取悦谁，而是为了做回原来那个美好的自己，学会优雅地生活。

有人无比羡慕地对米丽说："我也想减肥，我要变得跟你一样又瘦又美！"她总是这样回答："好啊，请做好深夜痛哭的思想准备吧！"

去年夏天，我参加了一次老同学的聚会。

隔了二十年的光阴，每个人身上都发生了不少变化，最令人惊讶的是李小强。当年，他不爱说话，成绩也不好，时常坐在教室后排的位置上发呆，因为感觉升学无望，没等到参加中考就退学了，从此也淡出了我们的视线。

那天参加聚会时，李小强一身名牌不说，还开了一辆价值百万的宝马，当年没有人注意的他，一下子成了聚会的焦点人物。有人羡慕地说："小强发了大财，把你的生意经也教教老同学，让大家跟着借点光呗。"

李小强笑了笑，慢慢撸起了衬衣的袖子："想发财不难啊，先要看看你能不能吃苦！"只见李小强的胳膊上，布满了大大小小的疤痕，看起来十分恐怖。那天很热，同学们都穿着短袖短裤，只有李小强穿着长衣长裤，他说："我把自己捂得这么严实，就是怕吓到你们。"

原来，李小强离开学校之后，跑到深圳去打工，最开始在一家建筑工地扛水泥，干了三个月没领到工资，工头跑了；他找不到活儿，身上只剩下十几元钱，只能买馒头喝凉水度日。有一天晚上，他睡在公园的椅子上，半夜被冰冷的雨水浇醒，他忍不住绝望地痛哭起来。哭完了又觉得自己好冤，只好饿着肚子继续找工作。

一天，李小强偶然看到有家门店招电焊工，他自己本来不会这技术，但他还是大着胆子告诉老板，他愿意跟着师傅学，不要工钱，管吃管住就行。老板看他还算身强力壮，勉强答应了。李小强在这里学了整整一年，不仅跟着师傅学，还买来一些关于焊接方面的书籍，再加上利用业余时间参加焊工网络培训，等到他离开这家门店时，除了练就了一身过硬的技术，还留下了满身被火花烫下的疤痕，当然，他已经提前找到了一份薪水很高的工作……

如今的李小强，今非昔比，管理着有一百多号人的公司，他今天的鲜衣怒马，都是当年吃过的苦换来的。

亲戚家的孩子结婚，我去参加婚宴，餐桌上有一个四十多岁的中年男子，他不喝酒，也不怎么说话，始终面带微笑。坐在另一侧的表姐小声告诉我，这个人非常不一般！原来，表姐的公公在一家机关看门儿，这个人曾经在那里干过杂活儿。

表姐告诉我，他的父母都是农民，当年勉强把他供到高中毕业，因为一位亲戚的推荐，他到这家单位当起了临时工，说起来是负责内勤，其实就是在办公楼里打杂，发报纸、烧水、打扫卫生、换灯泡之类的活儿全都归他，每天起早贪黑地忙，总有干不完的活儿。

那时他年轻,不怕工作累,但最怕被人看不起,有些人总是一边用蔑视的目光在他脸上扫来扫去,一边对他呼来唤去。一次,有位科长在单位值夜班喝醉了酒,居然喊他替自己脱鞋,还把污物吐了他一头一脸。当时晚上,他捧着污秽的衣服,躲在洗手间像个孩子一样哭了很久……

第二天,他很早就起床,像往常那样卖力地扫院子。这时,有个副局长要出门去开会,等了半天司机都没来,打电话过去才知道,原来是他骑摩托车撞到电线杆上了。临时再找别人也来不及了,副局长忽然喊他:"小伙子,你会开车吗?"他点点头又摇摇头,以前在农村没少开拖拉机,汽车的方向盘他还真没有摸过。副局长看了看表,着急地说:"快送我去开会。"

他扔下扫帚,钻进汽车,竟然一路稳稳当当赶到了开会地点,虽然不过十几分钟的路程,他却吓出了一身冷汗,副局长拍拍他的肩膀说:"不错!如果能考个证,我就要定你了。"

那时机关的公车都配有专职司机,想要考驾照比现在困难得多。他咬咬牙果断去报名,数九严寒的天气,别人练几把就冻跑了,他却像不知道冷的木头人一样,只要有车闲着,就反复地练,手被冻得流血了都不肯停下来。经过一个多月的努力,他竟然真的把驾照考下来了。不过,他没有再回原单位给副局长开车,而是直接留在驾校当起了教练,因为校长说了,还没见过这么不怕吃苦的人。

再后来，他开始自己开办驾校，如今已经开了两家分校。当年被人瞧不起的临时工，终于成了大家眼中的成功人士。

一个人只有在非常绝望时，才会忍不住在深夜里痛哭，有人曾经说，没有经历过这种撕心裂肺之痛的人，不足以语人生。我们无法否认，有些人因为某些得天独厚的条件，比别人的成功来得容易一些，但是更多的芸芸众生，想摘下那朵成功的花儿，都必须付出泪水和汗水。

所以，别再一味羡慕别人了，羡慕又不能当饭吃，还不如埋下头来，认真分析那个被大家羡慕的人，了解其遇到困难时的心态，学会其处理问题时的思维方式，想办法避开走过的弯路，然后制订适合自己的人生目标，努力，努力，再努力。

总有一天，你也可以鲜衣怒马。

05　当年吃过的苦是你走出低谷的路

又做噩梦了,被吓醒,连连念了几遍"阿弥陀佛",幸好只是梦啊!

那天半夜口渴,我起来喝水,顺便拿起手机刷了一下,刚巧看到文友美铃发的朋友圈,赶快留言去安慰她:亲,别怕了,都过去了。她回复了一个微笑的表情:都过去了,真好。

美铃是个苦命的孩子,她上高二那年,父亲患病去世,母亲悲伤之余也一病不起,弟弟妹妹还小,她只好挑起养家的重担。

当时,她听人家说大城市的钱好赚,就揣着仅有的几百元钱去了省城。她一个不满十八岁的小姑娘,人生地不熟,能干什么呢?她迷迷糊糊来到一个偏僻的菜市场,看到有人摆地摊卖菜,新鲜的大蒜很抢手,不由得灵机一动,找到批发大蒜的地方,买了几十袋小包装的新鲜大蒜,她加一元钱就卖。

不料,刚卖出去没几袋,就有一个老太太走回来,指着美铃的鼻子骂道:"小小年纪这么会骗人,卖的全是烂蒜!"原来那个搞批发的是个奸商,袋子外层放的大蒜又大又整齐,里面却全是又小又瘪的烂蒜,美铃没有任何经验,哪里会懂得这些?她在一片责骂声中,丢下那一堆蒜落荒而逃。

不久,美铃幸运地遇到一位好心的大姐,免费教她做糖葫芦,她认认真真学习了些日子,终于也能做得像模像样了。第一天出去卖糖葫芦,美铃来到一所小学的门口,她刚刚停下自行车,就被一个瘸腿的男子追着打,她惊慌失措地逃离。原来,男子在那个地方卖糖葫芦多年,根本容不得别人抢地盘。

从此,美铃不敢在同一个地方卖糖葫芦,她总是推着那辆破旧的二手自行车,不停地走街串巷,整整一天走下来,双脚常常磨出血泡。有一天晚上,美铃在小胡同里遇到了一个醉汉,他拦着不让她走,拉拉扯扯之间,糖葫芦摔了一地,她吓得又哭又喊,终于惊动了路人,吓跑了醉汉。她为了安全,从此剪短了头发,把自己打扮得像个男孩子。

美铃起早贪黑地干,硬是用卖糖葫芦赚来的钱,帮母亲治病,替弟弟妹妹交学费,直到十年之后,弟妹们都工作了,家里的经济条件好转,她才松了一口气。

如今,美铃是一对双胞胎女孩的妈妈,在家带孩子的她闲不住,重拾上学时对文学的爱好,开始尝试着投稿,当年打工时吃过的那些苦、经历的那些人和事,都变成了笔下生动的文字,受到编辑和读者们的青睐,她也成了写手圈里的励志明星……

虽然已经过上了幸福而安逸的生活，偶然，美铃还会做噩梦，梦里又被人骂了，被人追着打了。梦醒之后，看看熟睡的家人，她反而感恩当年吃过的那些苦，如果没有那时的坚持，她的生活就不会走出低谷。

周末的下午，我在家里看书，有人跑来敲门，外面站着一个脸上贴了面膜的姑娘，她柔声自我介绍："我叫玛丽嘉兰，刚租了对面的房子，屋子还没有电，能借给我一杯热水吗？"

什么玛丽，还嘉兰，现在的年轻人真搞怪，名字都整得像外国人，这是新邻居给我的第一印象。第二天，我下楼晨跑，对面的门却开着，那个玛丽姑娘一边打扫卫生，一边戴着耳机念念有词，居然是在背英语单词！现在这么好学的年轻人可不多见，我不由得对她有几分刮目相看。

这个玛丽姑娘因为自己总是太粗心，特意多留了一把钥匙在我家。有一天，她上班走了，忽然打电话来，说是忘了关窗户。我帮她进屋关好窗户，看到她的床上摊着一本厚厚的英文小说，就连墙壁上也贴满了英语单词，看来这姑娘真的很好学。

不久，我终于知道，这位新邻居的名字本来叫马丽，她有一个相恋多年的男友，两人都准备谈婚论嫁了，他忽然说自己要到美国去发展，她虽然感觉很惊讶，还是立刻表态，自己也要跟着去，还顺口给自己起了一个外国名字玛丽嘉兰。没想到，男友不屑地说："玛丽嘉兰是化妆品的名字好不好？你的英语那么烂，带你出去能做什么?"

后来她才知道,男友这样嫌弃自己,是喜欢上了一个白富美的女孩,人家带着他一起奔美国去了。马丽赌气搬出原来的房子,以玛丽嘉兰自居,坚持苦学英语,发誓将来再遇到前男友,必须用一口流利的英语去打他的脸!

马丽的本职工作是给一家杂志写广告,各种丰胸、美腿、减肥的软文只要能赚钱就写,写得她每天坐到电脑前就恶心。恶心完了继续苦学英语,为了逼自己坚持下来,她交了昂贵的押金,报名参加一个坚持一百天读完5本英文书的阅读训练营,能够每天坚持打卡,最后完成计划者,将退还所有押金,有一天完不成任务就要被倒扣100元钱。

因为心疼钱,也为了不允许自己后悔,马丽变成了一个疯狂的英语学习者,上下班的路上学,做饭洗澡时学,晚上加班困到眼皮打架,也要喝一杯浓咖啡,坚持把当天的英文小说读完。有时候等电梯的工夫,她都能靠在楼梯上睡着,看到姑娘学得这样苦,连我看了都心疼,她却笑笑说:"没关系,慢慢习惯了,就不觉得苦,如果不让自己学习,我就会陷入对前男友疯狂的思念,那样才傻呢。"

一年之后,马丽已经能够从容地阅读英文小说。

有一天,她接到一家杂志社编辑的电话:"我们新办了一本刊物,需要文笔不错精通英文的人,你能来吗?"

当然能来,一定能来!

马丽成功地跳槽到这家知名的文化公司,再也不用写那些恶心的广告，我由衷地替她高兴：这个姑娘之前吃的苦，都没有白费。

那天和朋友聚会，电视里直播的是一档省级电视台的书法节目，有人惊叫道："看，那不是王小梅吗？"那个身穿紫色旗袍、正在龙飞凤舞写字的人，真的是老同学王小梅！

当年上中学时，学校为了丰富大家的业余生活，特意请来一位书法家授课，从如何正确握毛笔开始教起，到最基本的点画如何运笔，我们多数人根本坐不住，往往比画几下，就把笔扔到一边去了。老师见状，苦笑着说："你们当中哪怕有一个人坚持到最后，我也算没有白教一场啊。"

王小梅就是那个唯一坚持下来的人。自从开始学习书法，她总是提前一个小时起床，等到别人去教室时，她早写完了厚厚的一沓纸。晚上，大家都回宿舍了，她却要写到教室里熄灯了，才一个人摸着黑回去。

关键的问题是，那时学校各种条件都很差，冬天教室只有一个小蜂窝煤炉子，窗户上的玻璃也总残缺不全，冷风嗖嗖灌进教室，她写不了几个字，就冻得坐不住，站起来跑几步，搓搓手，再回来写几个字，如此反复。

那时，王小梅的生活费很少，没有多余的钱买纸。学校有位女老师订了不少报纸，王小梅为了得到旧报纸，时常跑去帮她抱孩子。有一天晚上，她从老师家离开时，一脚跌到水池里，连额头都磕破了。女老师十分感动，从此把所有的旧报纸都留给她，对于当时的王小梅来说,这比什么都宝贵。

我还记得,有一年冬天特别冷,王小梅因为练书法,手指冻出了吓人的血口子,她每天都要往手上涂一种药膏,药的味道很刺鼻,她抹一下药,就疼得龇牙咧嘴。

我劝她:"何必吃这么大的苦呢?"她却淡淡一笑:"我各个学科的成绩都很一般,只有在练书法这方面,老师夸我有灵气,我也喜欢,不觉得多么苦。"

离开校园之后,小梅成了一个收入十分微薄的代课老师,因为业余一直练习书法,多年之后,她成了当地有名的书法家,有很多人慕名前来拜师,她干脆辞去工作,风风火火办起了书法培训班,用自己的爱好成就梦想,实现了人生的华丽转身。

人生所有美好的东西,除了空气和阳光之外,都是十分昂贵的,什么苦都吃不了,凭什么白白捡到成功的馅饼?

想得到爱情,就要付出耐心,能够忍受等待的苦;想欣赏另类的风景,就不要害怕路上奔波的苦;同样,想要赚到更多的钱,得到更多的升职机会,不仅必须利用别人玩手机、追电视剧的时间去努力,还要能吃得下起早贪黑的苦,年复一年坚持下去的苦。

因为,当你的人生遭遇厄运,一味地抱怨、哭泣都没用,找准努力的方向,舍得让自己吃苦,舍得付出汗水和泪水,才是走出低谷最好的途径。

最后,还要记住一点,不要吃了一点儿苦,就说自己承受不住,总有人比你更能吃苦。

06　人生都曾有低谷，你哭的样子好丑！

　　同事小程，最近遇到的烦心事特别多。先是老父亲中风住院，虽然病情不太严重，但她身为独生女儿，衣不解带地在医院守护了整整一周；父亲这里刚办完出院手续，三岁的儿子又患了手足口病，夫妻俩在医院轮流守护半个月，孩子才算痊愈。

　　接连在医院奔波了数日，重新回来上班的小程，只是看起来消瘦了一些，脸上仍然保持着温和的笑容。

　　当天傍晚，大家都下班回家时，小程还坐在电脑前忙着，她说这段时间请假太多，有些工作要赶一赶。

　　我下楼之后，发现U盘忘在办公室，转身回去取，却看到小程独自坐在空荡荡的屋子里，把头深深埋在办公桌前，肩膀无声地耸动着，听到脚步声，她猛然抬起头来，满脸都是泪水。

　　我尴尬得不知怎么才好，而她迅速地把眼泪擦干，故作轻松地说："我哭的样子是不是好丑？"

"不啊,梨花带雨,你更好看了!"尴尬的气氛有所缓和,我这才知道小程又遇到了新的烦心事:因为公司破产,她的老公失去了工作,情绪十分低落。她每天都要想办法安慰爱人,自己偶然的情绪小崩溃不敢带回家,这才在办公室落下眼泪。

没等我想好怎么安慰,她却又笑着说:"还好,老公投出去不少简历,有一家公司通知他去面试。姐,陪我去逛街,给他买套好衣服,体面地打一场胜仗!"

谁都不可能永远一帆风顺,遭遇低谷时,就算有眼泪,也要躲在无人的角落里哭,然后擦干眼泪,笑着去面对。因为,能够压垮一个人的,往往不是困难本身,而是负面的情绪。

有一次,我随同事下乡采访,偶然认识了刘师傅。

当时,他靠在窗台边,床上到处是各种各样的剪纸。

我随意拿起了一幅,看到是一大一小两只大象,它们的鼻子紧紧钩在一起,构思巧妙而有深意,如果不是亲眼所见,我真的无法想象,这样的作品来自一个高位截瘫患者!

刘师傅的人生本来可以是另一个版本。

当年,他是一个收入不错的货车司机。有一天,他出车归来,爬上房顶晾晒丰收的玉米时,脚下忽然一滑,瞬间从近三米高的屋顶摔下来……

等到他在医院里清醒过来,一纸高位截瘫的诊断书,将他彻底打入了命运的低谷。

半年之后，妻子跟他离婚。

当天晚上，他独自躺在空荡荡的床上，绝望到极点。

这时，四岁的女儿从梦中醒来，哭喊着要妈妈，他顺手拿起床头的剪刀，用废报纸剪了一张笑脸，戴在脸上当面具，女儿咯咯地笑了，他却躲在面具后面哭了：接下来的路，他不知道怎么走！

女儿却迷上了爸爸手中的剪纸，她总是不断地撒娇，让他剪一朵小花、一只小狗……

于是，他那双曾经摸惯了方向盘的大手，一次次笨拙地握起了剪刀，不停地剪啊剪，只为哄女儿开心。

后来，有好心人发现他的剪纸很有灵气，专门为他找来学习剪纸的书籍、视频，他一遍遍地揣摩、学习。三年之后，利用家里的那台旧电脑，他的剪纸作品通过网络，已经飞往全国各地。

如今，十几年过去了，曾经以为人生彻底废掉的他，不仅养活了自己，还把女儿送入了大学，他仍然不能走路，却坐着轮椅到北京参加了女儿的开学典礼……

有时候，比人生陷入低谷更可怕的是，自己急于承认失败，只要咬牙闯过去，柳暗花明不是梦。

周国平在《人与永恒》中曾经说过："未经失恋的人不懂爱情，未曾失意的人不懂人生。"

有一年夏天，我在一家冷饮店认识了在那里做兼职的大学生多多。生性热情的她，在我们刚刚熟悉时，就得意地向我展示了她手机里男友的照片。

多多说，她在一次旅游中，偶然认识了他，两个人一见钟情，虽然距离的原因，一年见不了几次面，多多却十分珍惜这份来之不易的感情。

那时，多多除了在冷饮店上班，还当家教，她每天忙得团团转，把赚来的钱几乎都寄给了男友。我问："他自己有工作，你还是学生，为什么给他寄钱？"

多多骄傲地说："他最喜欢摄影，几乎把所有的钱，都用在出去采风或者升级设备上了，他的钱不够用呀。"

转眼间，情人节快到了，多多愁眉不展地问我："送他什么样的礼物最好？"

我开玩笑说："最好把自己当成礼物送过去呀！"

她竟然当了真，跑出去买了一大堆毛线，赶在情人节前织成了一件漂亮的男式毛衣，匆匆踏上了开往千里之外的火车。

隔几天，我再去那家冷饮店，多多已经回来上班，她如同被霜打的茄子一样，眼睛里没有了往日的光彩。等到店里打烊，我陪多多一起回家，她给我讲了情人节的遭遇：

他住的地方很偏僻，那天她下了火车，还要赶汽车，偏偏当地又下起了大雪，她在晚上快十点时，才赶到他家门口。

她哆嗦着给他打电话，告诉他自己就在楼下。他"啊"一声就挂断了。

他急匆匆下楼，看到她的第一句话就是："你怎么来了？"

多多期待的就是这样一个问句,她一路上憧憬了无数次,这个问句之后,是他温暖的怀抱,为此,就算她一路颠簸、又冷又饿,又算得了什么?

可是,这个问句没有温度,而且他的双手插在厚厚的口袋里,丝毫没有伸出来的意思,多多一时失语,不知如何是好。

这时,头顶的窗户唰一下打开,有个年轻女子在喊:"大罗,你磨蹭什么呢?快点上来!"

大罗,正是他的名字,他有些尴尬:"你这么远来了,我……"

多多急忙打断他:"我去找同学,正巧路过,再见!"

那个下着大雪的深夜,多多用口袋里仅有的800元钱,打了一辆出租车当夜返回来。她一路上一动不动,也不说一句话,吓得司机都停下车来查看,怕她出了什么意外……

多多在讲述整件事情的过程中,语气平静,没有眼泪,只是一声声叹息着。

她把他当成了未来的全部,她却只是他路过的一道风景。

多多仍然坚持打两份工,说是如果闲下来,就会忍不住想起他,想起那个风雪之夜的遭遇,想哭。

她把赚来的钱,用来做她从前最喜欢的事情:旅游。

在我深爱着你时,发现你早已经爱上了别人,潇洒地转身其实很不容易。

不让你看到我的眼泪,保持分手时的风度,然后再慢慢走出低谷，这样的路很孤独，没人陪，可一旦走过去，再回首，一切不过是浮云。

作家毕淑敏在谈到如何面对人生的低谷时，曾经说过这样一段话："安静地等待，好好睡觉；跟知心的朋友聊天，但是不要发牢骚；看一些传记，瞧瞧别人倒霉时是怎么挺过去的……"

在我们漫长的一生中，每个人都难免遭遇低谷。

这时，你是任凭自己在低谷中沉沦，用泪水蹉跎宝贵的时光，还是尝试着把低谷踩在脚下，保持向上攀爬的勇气，这将决定你拥有怎样的人生。

人生，不会有永远的巅峰，自然也不会有永远的低谷。有些你以为过不去的坎，鼓足勇气往前走，跨过去，也就熬过去了。

就算你心中有泪，也不要轻易在别人面前哭。

因为，你不知道自己哭的样子有多丑。

低谷并不可怕，怕的是你急于认输。

放弃和坚持往往就在一念之间，咬咬牙冲过去，当你从低谷走向山巅，会发现所有的风景不过是附赠品，重要的是，你已经知道了自己可以多么优秀，这才是最重要的收获。

07　世界不会陪你难过

那天下午，在我隔壁办公的小汪，气冲冲地走进来，哭丧着脸说："人心真是难测啊，平时看起来大家相处不错，关键时刻，一个个落井下石！"

原来，就在两个小时之前，小汪拿着自己精心策划多日的促销方案，信心满满去找主管，不到两分钟时间，方案就被对方全盘否决了。她的心情一下子跌到谷底，闷闷不乐地回到办公室，当她对着被枪毙的方案愁眉苦脸时，跟她一起办公的几个人，因为快要下班了，正在若无其事地谈笑着：

刘姑娘说晚上要跟同学聚餐，问大家哪里的火锅最好吃。

李姑娘网购的一件旗袍到了，打算过几天穿着它去给好友当伴娘。

李同学要跟女朋友约会，正在自我调侃昨天刚剪了个乱糟糟的新发型。

……

"我心情不好,他们凭什么一个个嘻嘻哈哈的,这不是故意跟我作对吗?"正是因为有这样的心理,小汪变得更加不快乐,甚至用了"落井下石"这样的词语。

彼时,因为养了许久的一盆君子兰开花了,我正怀着欣喜的心情为它拍照,准备分享到朋友圈,小汪一脸黑线的样子,让我不由得把手机放到一边,默默地听她发了半天牢骚,直到她离开之后,我才长长地松了一口气。

人在职场,被领导否定几个方案,是再正常不过的事情。今天失败了,明天总结经验重新来过就好。一个不懂得自我调节情绪的人,自己心情不好,还想让别人陪着难过,凭什么呀?

当一个人心情不好时,往往希望有人可以听其倾诉,这是很正常的心理。

就像我的邻居牛阿姨,人到中年,忽然遭遇婚变;那个不善言辞的李叔,喜欢上了一起摆摊卖菜的年轻女子,直接净身出户,跟那个女的过日子去了。

李叔离开时,跟孩子们说了一句话:"不是我狠心,我跟你们的妈妈实在没什么话说。"

这话传到牛阿姨耳朵里,她逢人就哭诉:"这个没良心的,跟我没话说?没话说怎么一起过了十几年,还生了两个孩子?我一年到头都舍不得添件新衣服,辛辛苦苦操持这个家,从来没做过对不起他的事，我凭什么落得这样的下场？"

最开始，大家都很同情她，有关系特别好的邻居，甚至陪着她一起掉眼泪。转眼间，时间过去了大半年，牛阿姨依然见人就诉苦，时不时以一个可怜兮兮的受害者身份出现，别人想安慰她都找不到话了，有时只好躲着她。这时的牛阿姨却没有意识到自己的毛病，心情更不好，偶然看到邻居们在一起聊天，就会想：我在这里伤心，你们却聚在一起说说笑笑，分明是在笑话我吧？

甚至有人家结婚，门口贴了大红的喜字，她都会气得半夜睡不着觉，甚至自言自语："知道我离婚了，天天在家里掉眼泪，办个婚礼还这么招摇，分明是往我的伤口上撒盐！"

有一次，牛阿姨买菜回来，看到儿子和女儿正在客厅看电视，看到好笑的地方，他们忍不住也跟着手舞足蹈起来。牛阿姨快步走过去，"啪"地一下关掉电视机，怒气冲冲地大吼："你们的爹被狐狸精拐跑了！你们的娘，成了被人甩掉的旧抹布！我天天掉眼泪，你们居然还笑得出来？真是太没良心了！"

如今，非但邻居们不爱跟牛阿姨交往，连她的孩子们放假了也不愿回家，人人都躲着她，并非她这个人有多么坏，而是因为她遭遇了一次打击，就准备把下半辈子的时光都用来怨恨、抱怨和诅咒，身上永远充满着负能量，跟这样一个自己心情不好也不允许别人心情好的人在一起，时间长了，就算关系再亲近的人也受不了。

当人生遭遇不幸时，接受既成事实，放下情绪包袱，学会从不同的角度看问题，试着走出心情不好的阴影。你笑了，世界也会对你笑，如果关起窗户，一味地躲在黑暗中抱怨、悔恨，再明媚的阳光也照不到你的身上。

弗洛伊德说："精神健康的人，总是努力地工作及爱人，只要能做到这两件事，其他的事就没有什么困难。"

我的同事晓晓，就是一个努力保持阳光状态的姑娘。

有一天，我们一起出去吃饭。走到餐厅门口，她忽然把手里的包塞给我："等一下，我要去洗手间照一下镜子。"

"真是个爱臭美的姑娘，你今天的衣服挺漂亮的，怎么这样不自信？"

"不是啊，我今天下午处理报表时，电脑程序异常缓慢，一直做得不顺利，我的心情有一点儿不好，害怕吃饭时带给客人不愉快的感觉，所以我要照照镜子，打扮打扮心情，把情绪调整到最佳状态。"

心情也能打扮？就像一个人出门要打扮自己的仪表一样重要，自己快乐，也会带给别人快乐。我第一次听到这样新鲜的理论。

晓晓则得意地告诉我，她关于情绪管理的法宝，得益于父亲的言传身教。

她的父亲是一名外科医生，每天都非常忙，有时一连做好几台手术，人累得快要虚脱了，还要面对有些患者的不理解。他在医院总要强装笑脸，每天回家时，却时常因为心情不好而懒得说话，就算偶然开口,语气也很不耐烦。

有一天,六岁的晓晓跟邻居家的两个小孩一起玩,他们说起各自的父亲是做什么的。一个小朋友说:"我的爸爸在银行上班,他是天天数钱的。"另一个小朋友说:"我的爸爸在图书馆上班,他是天天看书的。"

晓晓则小声说:"我的爸爸在医院上班,他是天天生气的。"

在卧室休息的父亲,无意中听到了这番对话,忍不住心头发酸:自己一直以为,努力拼搏是为了家人的幸福,没想到在年幼的女儿眼中,爸爸竟然是这样的负面形象!

从此,父亲像变了一个人,为了调整情绪,业余时间喜欢上了漫画,心情最糟糕时,默默地拿起笔画几下,甚至故意调侃自己一番。重新站在手术台前的他,又变得精神抖擞,回到家也保持神采奕奕的状态,一家人的日子过得其乐融融。

一个总是心情不好的人,就像头上顶了一团乌云,走到哪里,就把阴暗的心情带到哪里。可人家谁都不欠你的,凭什么陪着你一起不快乐?这样的人自然不受欢迎。

而一个懂得情绪管理的人,就好像自带光环一样,走到哪里都带去一片明媚,照亮别人,也温暖了自己。一个人有负面情绪,心情偶尔不好,是很正常的事情,没有谁的生活永远鸟语花香。

而一个有修养的人,会努力做到不把坏情绪带给别人,自己想办法消化不愉快:

去看一场电影,看一本书,去换个新发型,去品味一顿美食,去酣畅淋漓唱一次歌……

有的人却完全相反，自己心情不好，把别人当成情绪垃圾桶，不停地怨天尤人，让自己的负面情绪像一滴化不开的墨汁，影响别人的心情。

心情不好时，能不能管住自己的嘴，决定了做人不同的境界。

自己心情不好，就看不得别人欢笑，这是一种自私的做法。

你实在想哭，就一个人躲到角落里去哭会儿再出来，因为这个世界不会陪着你难过。

总有一天，当你学会了自己能够消化坏情绪时，你才能与这个世界好好相处。

08 那个曾经当街痛哭的孩子，后来过得怎么样？

多年前，我曾租住在别人的房子里，旁边是一家印刷厂。一个深秋的傍晚，我正在屋里看书，忽然听到窗外有奇怪的声音，悄悄探出头，发现有几个男孩坐在地上，中间散落着几个啤酒瓶子，他们每个人脸上都有泪痕，有一个还呜呜地哭出了声。

天气这么冷，这些孩子为什么当街痛哭？我急忙倒了几杯热水端出去。他们擦干眼泪，讲述了自己的故事：

他们是同学，不久前才从某地一所中专学校毕业。当时，有位老乡答应带他们来这里找工作，没想到路费花光了也没找到，老乡也溜走了，他们想家，不知道在这陌生的城市如何落脚，越想越伤心，这才掉下了眼泪。

因为住在这里的时间久了，我和印刷厂的老板娘十分熟悉，听完他们的遭遇，我灵机一动，把他们领到了厂子里。

"我们这里正好缺少人手呢。"老板娘笑着接纳了他们。

不管能赚到多少钱,起码他们有了落脚的地方,我这才松了一口气。

大约过了一个月之后,到了发薪水的日子,四个孩子又跑来找我这位姐姐了。

他们说,老板安排他们当业务员,四处去找活。

男孩A说,自己不喜欢这个行业,但感觉留在这座城市,赚钱的机会还是比较多的,他打算到别的地方碰碰运气。

男孩B说,自己不喜欢这个行业,也不喜欢这座城市,准备离开了。

剩下C和D两个人,都表示很喜欢这份工作,一个月下来,也都领到了不错的薪水,打算继续留在这里。

就这样,四个一起出来闯荡的男孩,很快就踏上了不同的人生道路。

后来,我虽然搬过几次家,但是一直还留在座城市,最开始跟C和D联系得比较多,随着各种忙,他们的名字,渐渐也变成了手机里熟悉的陌生人。

仿佛一眨眼的工夫,五年过去了。有一天,单位要印刷一批宣传画册,我忽然想起C和D,电话打过去,D那边说号码不存在,C却第一时间接通了电话,听到我的声音,立刻欢欣鼓舞地说:"姐啊,我原来的手机丢了,一直没能找回你的联系方式,我要请你吃饭,就今天吧!"

当天晚上,到了约定的地点,我发现C抢先一步到了,他全身西装革履,看起来气度不凡。我笑着问:"看样子,你这是发达了?"

他腼腆地一笑:"目前,只能说是创业阶段呢。"

原来,他那几年在印刷厂的业务做得非常好,工资加奖金积攒起来,也有了一笔不小的储蓄,他对这个行业做得越久越喜欢,如今已经辞职单干,就是直接从客户手里揽活儿,再交给印刷厂去做,虽然没有工资了,收益却比从前涨了几倍。

他的职业规划是继续积累客户,想办法筹钱,自己办印刷厂!

他说这番话时,眼睛里写满了创业者的激情和坚定。当时,我就有一种预感,这小子早晚得发达!

果然,十年之后,他就在这座城市稳扎稳打,不仅拥有了一家小型的印刷厂,还买房买车,娶妻生子。

再来看那个失联的D。当年,他本来跟C一样,留在印刷厂工作,并因为业绩突出,深得老板的赏识,每个月也能领到一笔不菲的薪水。

他和C同样不甘心于长期给别人打工,C选择悄悄积蓄力量,找准机会自己创业,他却觉得这样的过程太慢,把实现翻身的机会寄托于买彩票中大奖。

最开始,他只是小打小闹,每个月花几百元钱买彩票,后来偶然中了一次5000元的奖，他对彩票越发痴迷起来，每个月只留下吃饭的钱，剩下的工资全都买成彩票。

这还不算完，为了买更多的彩票，他开始透支信用卡。

再接下来，他竟然挪用了老板的一笔私款买彩票，纸里包不住火，事情败露，他被开除了，从此杳无音讯。

我回想他当年领到第一个月薪水时，脸上灿烂的笑容，不由得惋惜不已，不知道总是梦想着一夜暴富的他，后来过得怎么样了。

就在不久前，我去商场闲逛，忽然看到一张熟悉的面孔，这不是当年的小A吗？

"你一直都生活在这里吗？还以为你早就离开了呢。"

A有点不好意思地说："最开始几年混得实在不好，感觉没脸联系你。后来，却又是各种忙……"

原来，他离开印刷厂之后，尝试着卖过水果和衣服，都没有赚到钱。

一次偶然的机会，他看到路边有家电焊门市招工，感觉对这门技术有兴趣，就跑进去找老板，情愿不要工钱在这里干活儿，只求管吃管住。

老板也是个厚道人，两人相处久了，感觉性情和脾气十分相投，他干活又肯卖力气。于是，老板不但主动支付底薪，还诚心教他技术，最后甚至鼓励他自己单干。

于是，在老板的帮助之下，他开了一家自己的店，承揽各种电焊之类的业务，也是越做越起色，后来他又专门拜师学习铁艺装修技术，尝试着慢慢转行，如今在装修行业干得也是风生水起。

A当初果断离开自己不喜欢的行业，却一直保持积极上进的心态，这才是他在转行之后取得成功的根本原因。

一个人选择什么样的道路，最后能走多远，说到底取决于自己的心态。

接下来，该说说当年离开这座城市的B了。

A在一次偶然回乡时，遇到了他。

他从繁华的城市回到家乡之后，在一家家具厂当车间工人。

从那时起，他就再也没有换过工作，埋头干活，按月领取薪水，虽然没有发财，但细水长流，衣食温饱都没有问题，也娶妻生子，安安稳稳地过着自己的小日子。

A说，其实这几年家乡的房地产业正处于蓬勃发展的阶段，赚钱的机会很多，可惜他没有那么多精力，也曾想尝试着接点儿活，交给当年的老朋友B来打理，对方却说自己不是做生意的料，死活不肯。

A说这番话时，语气唏嘘不已，似乎在为B的刻板而惋惜。

我却以为，人各有志，不能强求，A和C如今都事业有成，B不擅长自己创业，也老老实实地承认自己没有经商头脑，靠自己的本事吃饭,能够养家糊口,我们多数普通人过的不都是这样平凡的日子吗?

最可惜的就是痴迷买彩票的D了,B跟他还算有联系,说他在外面流浪了几年,最后也回到了老家,信用卡透支越滚越多,最后实在还不上,连把父母的养老钱都搭进去还是不够,害得他们一把年纪了,还要跟年轻人一起四处打工,替儿子还债。

他倒是不买彩票了,因为口袋里实在没钱,却又因为人生太失意,养成了酗酒的恶习,整天昏昏沉沉,喝醉了就躺在大街上哭,别说成家立业,三十好几的人了,连自己都养活不了……

想想当年,四个男孩初到陌生的城市,因为种种不适应而当街痛哭的情形,十几年过去,他们却命运迥异。

有的人在心中树立了目标,就孜孜不倦走下去,不叫苦不嫌累,最终成功闯出了属于自己的一片天地。

有的人及时改变了努力的方向,因为始终装着梦想走路,历经曲折之后,也实现了人生的目标。

有的人虽然没有远大的理想,也没有过人的本领,但能够脚踏实地做好本职工作,生活虽平淡,却一切顺其自然,倒也没有太大的遗憾。

最可惜的是这样一种人,本来天资聪颖,却因为心态不正,染上恶习,父母辛苦养育一场,最后老人非但不能颐养天年、享受天伦之乐,反而被其拖累,一个人拖垮了全家……

三毛曾说过："一个没有经历过长夜痛哭的人，不配讲悲伤。一个每遇挫折都要痛哭的人，还是不必三十而立了。"

也就是说，遇到挫折，当街痛哭并不可怕，关键是在哭完之后路要怎么走，是做一个每次遇到挫折继续痛哭的人，还是从此就算心中有泪，也要笑着奔跑下去。

曾经当街痛哭也不是羞耻，只要不被泪水牵绊，哭过之后不认输，就有机会看到远处的风景。

Chapter 2

过自己想要的生活，

　　才是你最大的成功

Chapter 2

不要总是企图取悦别人，
不必勉强融入某个圈子，
遵从自己的内心，
做独立的自己。
人生太短，
每个人都有不同的路要走。

01 努力，只是为了不想辜负自己

多年前，我有一个姓李的男同学，他对学习不太感兴趣，最喜欢看武侠小说，有时一看就是大半夜，第二天上课时，他反而困得起不了床。

有一天，李同学看小说看到半夜才睡，醒来时早已经日上三竿，他听到外面热闹得很，于是趴到窗台前，眯着眼睛往外瞅，发现操场上有很多人，一个男生站在高高的领奖台上，一张被汗水打湿的脸，在阳光下显得那么兴奋，他挥舞鲜花的样子帅得不得了，台下掌声雷动。

原来，就在刚刚举行的田径比赛中，这个男生获得了冠军。

那一刻，李同学心里仿佛有什么被唤醒了：原来，站在高高的领奖台上，可以是这么酷的样子，我也要试试！

一个作息时间没有规律、时常逃课的人，居然决定要晨跑，别说宿舍的几个哥们儿不相信，他最开始也是心怀忐忑，不知道是不

是三分钟热度。

没想到,从第一天晨跑开始,他就爱上了独自穿越操场的感觉,虽然很累,但是耳边呼呼的风声,脚下长长的跑道,都让他迷恋不已。他这一跑,从此风雨无阻,从来没有间断。

遗憾的是,他连续参加了三年学校的运动会,却一次也没有登上领奖台。每一次失败之后,大家都以为他不会再跑,他却仍然选择了继续跑。

不久前,同学聚会,跨越了二十多年的光阴,听说李同学现在还是坚持每天晨跑,大家惊讶不已。有人问他:"天天这样跑,不觉得苦吗?"

他说:"当年决定要晨跑时,一心只想着有一天站到领奖台上,享受被鲜花和掌声包围的感觉。后来,就算得不到冠军也选择跑下去,因为不想辜负对自己的承诺。有时候事情最开始做时的确不容易,但坚持久了就成了一种习惯,乐在其中。"

说起来,李同学虽然一次也没能赢得长跑冠军,其实收获也很多:为了保证晨跑,他戒掉了整夜读武侠小说的习惯,坚持早睡早起。每天晨跑之后,舍友们还在睡觉,他不想再回去打扰他们,干脆提前去教室看书,慢慢地学习成绩也提高了。

还有,多年如一日的长跑,让人到中年的他,身体仍然强健得像个二十岁出头的小伙子。每天坚持做好一件事的习惯,也被他引申到日常工作之中,从普通科员一路走到了中层领导的位置。

他那么努力地不想辜负对自己的承诺,最终,命运也没有辜负他，就算没有站到冠军的领奖台上，也一样享受到了无限风光。

当年，我为了上班方便，在公司附近租房住。那时的邻居，是一对三十多岁的夫妻，男人曾经在一家大饭店当厨师，后来辞职，自己开了一家家常菜饭馆，他原以为凭自己的手艺和经验可以很轻松地就能搞定这件事情。没想到会做菜，跟能不能把做好的菜卖出去，完全是两回事，妻子对此更是一无所知，两人经营不到半年，赔了不少钱。

他们不甘心，把饭店改成水果店，一切准备就绪，发现上门的顾客寥寥无几。原来，距离他们的水果店只有几百米的地方，就有一家大超市，那里的水果又多又新鲜，价格也不高。

接下来一年多的时间，他们又尝试过卖服装、冷饮、鲜花……折腾来折腾去，没赚到钱，把之前的积蓄全搭了进去，还欠了一笔不小的外债。连我这个旁观者，都忍不住暗暗替他们揪心：继续赔下去，日子可怎么过？

有一天下班回来，我看到隔壁开着门，桌子上七七八八摆了不少菜，夫妻俩都喝了酒，显得有些兴奋。女人硬拉着我过去坐下，我问："今天有什么好事情？"男人就笑："我们决定不再自己做生意，老老实实回去上班，这算好事情，还是坏事情？"

不久，男人开始了独特的旅行：他坐火车跑了好几个大城市，每到一处都到当地最知名的饭店去观摩和学习，长了不少见识。等到他重新回去当厨师时，更是一心一意钻研厨艺，做菜的水平提高了,薪水也跟着上涨。不过才多半年的光景,他就还掉了外债。

女人又回到工厂去上班,薪水不是太多,但足够支撑家里的日常开销。夫妻俩一起努力,没过几年,就攒够了一套房子的首付,虽然面积不大,位置也有点偏僻,但是总算有了自己的家。

他们搬新家时,请我们一帮老朋友一起吃饭,有人说:"如果你们早几年没有赔钱,应该能买一套更好的房子。"

男人却说:"其实也不一定啊。因为在没有尝试之前,我们的心也安定不下来,一直飘忽不定,对工作也没有那么走心。经过后来那几次折腾,我们才明白自己不适合创业,那就老老实实去上班吧!"

是啊,这对夫妻曾经起早贪黑地做生意,一心想要改变命运,最后却赔得稀里哗啦。但是他们经过这番努力,至少明白了自己不适合做什么,及早转变方向,去做更擅长的事情,反而更容易达到最初的目的。

他们从来没有辜负自己,生活最终也没有辜负他们的努力。

再来说说我自己。

有一段时间,身为撰稿人的我,很喜欢某杂志的风格,当然,它提供给作者的稿酬也很诱人。我认真研究了一段时间,决定专心为它写稿,尝试着写了多篇,每次投出去,总是收到退稿信,编辑的回复很委婉:"您的文笔很好,只是稿子的风格不适合我们,可以另投。""这篇文章的选题不错,可惜我们之前已经刊登过类似的文章，抱歉不能使用了。"

我每天起早贪黑地写，却被接连不断地退稿，慢慢摧毁了我的自信心。

终于有一天，我十分沮丧地把这些稿子丢到一边，发誓再也不写了！

这时，我却接到一个陌生的电话，一位供职于某出版社的编辑，说是关注我的文字有一段时间了，最近计划出一本几位作者的合集，要向我约稿。我仔细研究了对方发送过来的文档，发现之前被丢到一边的那稿子，正巧符合要求。

我迅速整理了样章过去，不久就得到一个好消息：稿子顺利通过啦！

正当我要松一口气时，编辑又说："既然你手里有不少存稿，跟别人出合集只能选用有限的几篇，太可惜了。不如，你自己单独出一本？"这当然是我梦寐以求的好事，打开电脑整理一番，却发现所有的文章加在一起，距离出版社要求的字数还差了一大截，赶快埋头补写，足足忙碌了一个星期才算完成了任务。

经过这番波折，我暗自庆幸，不管稿子能不能发表，我从来没有放弃过写作，一年三百六十五天，坚持日日写，有些稿子发表了，得到编辑和读者的认可，也换回了一笔笔的稿费。有些稿子，因为种种原因未能变成铅字，它们长时间在电脑里沉睡，貌似做了无用功，其实不然。

因为，保持努力的状态，本身就是一种良好的习惯，所有的付出都是一种积累，它们不一定总能换来累累硕果，至少丰富了我的阅历，充实了我的人生。

我们曾经以为，努力是为了证明给全世界看，最后却发现，生活是自己的，奋斗也不是为了别人，拼搏是每天必做的事情，所有的努力，不过是想成为更好的自己。

漫漫人生路，我们总是要走过艰难坎坷，才能磨炼出勇气和智慧，而在历经考验和浮沉之后，能够保留不甘于被打败的决心，继续坚持努力的状态，比什么都宝贵。

努力，会让人有一颗积极上进的心。岁月终究会证明，时间不会辜负每一个努力生活的人，或早或晚，所有的付出，都将必然得到回报。

我们努力，不是为了打败谁。

02 过自己想要的生活才是你最大的成功

不久前,多年前的老邻居王婶找到我,十分苦恼地说:"你认识的人多,能不能想办法帮我找找小杰,他从学校出走,都已经快一个月了!"我不禁大吃一惊:"小杰,一向都那么听话,怎么会……"

记忆里,王婶似乎从来没有开心过。听母亲说,王婶的婆婆是个凶悍的人,一直看不起王婶,嫌弃她娘家太穷,时常找碴儿跟她吵架。王婶比较懦弱,受了气也不敢声张,总是一个人悄悄地掉眼泪,直到儿子小杰出生,她的脸上才有了笑容。

王婶对小杰期望很高,尽管婆婆早已去世,她还是忘不了当年挨骂受气、被人瞧不起的滋味,她说服丈夫跟自己一起进城打工,辛苦赚钱,只为让小杰从小学开始,就进本地最好的学校,将来做个有出息的人。

小杰性格内向,不怎么爱说话,学习成绩总是名列前茅,也一直都很听母亲的话，直到高考结束，准备填报志愿时，母子之间爆发了第一次冲突：小杰说，他喜欢音乐，准备报考南方的一所艺术学院。王婶却坚决反对，一定让儿子报考医科大学，而且一定要学口腔专业，将来成为一名牙科医生。

"可是，我对你说的这些一点儿也不感兴趣呀！"小杰苦恼地说。"兴趣又不值钱，能学到真本事才是关键！"王婶租住的房子旁边，就是一家牙科诊所，她因为牙疼进去过一次，发现人家特别赚钱，从此就念念不忘。

在王婶的坚持之下，小杰举手投降，最终去了北方一所医科大学。本来，他今年就要毕业了，没想到，有一天王婶突然接到来自学校的电话：小杰连续好几天没有来上课了，也没有回宿舍！王婶慌张地拨打儿子的电话，发现早已经停机。她来到学校，听他的同学说，小杰曾反复说很害怕毕业，因为不喜欢当牙医。

小杰就这样从大家的视线中消失了。王婶后悔不已："早知道这样，他想学音乐就去学吧，我何必非让他按我的想法活呢？"关于小杰的教育问题，王婶固然有错，小杰也有自身的原因，既然不喜欢妈妈挑选的专业，为什么最后又答应了呢？他当时的理由，可能就是不愿意让妈妈伤心，但他最后选择让自己消失，不是对妈妈更大的伤害吗？

最开始不懂得拒绝和坚持，后来干脆选择逃离，这可算不上什么本事，只能说，他活得太懦弱了。

曾经，我做过一件十分脑残的事情：

那年，好友芳芳的妈妈刘阿姨给我打电话，哭着说："你替我劝劝芳芳吧，她这样犟下去，这辈子就完了！"

彼时，三十五岁的芳芳离婚三年，因为受过一次伤，她对感情的事情变得小心翼翼，也尝试着交往过几个人，却总是有这样或那样的不满，终究没能再次走进婚姻的殿堂。半年前，又有人给芳芳介绍了一个男子，此人也有短暂婚史，自己做点小生意，人品也不错，他对芳芳很满意，只是芳芳的态度一直很犹豫。

听完刘阿姨的哭诉，我打电话给芳芳："你的年龄也不小了，总是一个人生活，像什么样子？你一天不结婚，阿姨一天不放心，她活得多累啊。再说，女人嫁人，最重要的就是人品好啊，你还想怎么样？差不多就行，别太挑了！"那时，芳芳本来就纠结得不得了，正在左右为难之际，她叹息着说："也许你们都对，只有我错了，那就这样吧。"

芳芳结婚了，等到两个人真生活在一起，大家才发现他们的区别真是太大了：

芳芳是那种下楼扔垃圾都要穿戴整齐的女人，讲究生活质量，而她丈夫虽然人很好，却是个粗线条的人，对吃穿都不讲究，他不爱洗澡、吃饭狼吞虎咽，经常乱扔袜子和烟头，这些对他来说都是极小的事情，却常常惹得芳芳不满意，他们勉强在一起凑合了两年，终于还是选择了分手。

为此，刘阿姨又一次打电话给我，哭着说："我这个女婿会赚钱，人又好，就是不怎么讲究，好多男人都是这样啊，为这点儿事也值得离婚吗？"

办完离婚手续那天，芳芳给我打电话时也哭了，说："我不想让妈妈伤心，原来也打算凑合着过算了，可是我发现一辈子太长了，这种索然无味的日子，不是我想要的。"我理解芳芳的苦衷，想到当初自己还当过说客，不由得内疚起来：人这一辈子，穿衣吃饭有时可以将就，但是感情的事情，真的不能将就啊。

庆幸的是，后来芳芳又遇到一个人，他赚钱不多，但笑容很温暖，尤其难得的是，他讲究生活情趣，不但和芳芳一样酷爱种花，厨艺也十分了得，就算拌一根黄瓜，也要切出好看的花纹，还要盛到漂亮的盘子里。

芳芳自从嫁给他，日子过得越来越讲究，有时两人为了给家里的绿植配一个漂亮的花盆，能开着车跑几条街，他们时常一起拉着手一起去湖边看日出，去郊外野餐。

这时的芳芳，再也不是从前又消沉又憔悴的样子，她变得容光焕发，举手投足也更加优雅从容，虽然曾经走过一段弯路，她最终还是遵从内心的声音，摆脱世俗的眼光，追求到了真正的爱情，也活成了自己喜欢的样子。

我有个同学，家境一般，大学毕业之后，她想成为一名老师，父母却千方百计让她进了一家行政机关。

最开始，她只能做最简单的文字校对工作，后来慢慢开始尝试写豆腐块大小的新闻稿,再后来又学着写调研稿、领导讲话稿,综合材料越写越好,她成了单位的"首席撰稿人",也当上了办公室主任,又过了十年,她走上了副局长的职位。

刚满四十岁,她不但有一个幸福的家庭,还拥有似锦的前程,父母为自己的女儿如此有出息而骄傲,得意于当年替她做了最明智的选择;朋友聚会时,她往往也会成为大家羡慕的目标。

有一次,我去她的单位办事,正巧在楼下的大屏幕上,看到一段她坐在主席台上讲话的视频,于是笑着对她说:"你可真风光啊。"

没想到,她神色黯然地说:"其实,我每天都不愿意走进这座办公楼,繁忙而杂乱的公务、没完没了的会议、比蜘蛛网还要错综复杂的人际关系,都让我头痛、厌倦,真想逃离这种单调而乏味的工作……"

我开玩笑说:"经常有公职人员辞职的新闻报道啊,他们当中有许多人,官位比你高,说走也就走了,你也可以啊。"

她摇摇头说:"年轻的时候,想要好好闯荡一番,却被禁锢在一张办公桌前,如今就算想逃,也跑不动了。再说,我真的辞职了,不知道别人会怎么猜测我呢,父母和家人也一定会对我很失望,我要替大家着想,只能硬着头皮继续往前走。我现在最怀念大学刚刚毕业时,我到一家幼儿园当老师的那段时光,每天跟孩子们在一起都很快乐。不知多少次,我做梦又回到了校园,醒来只能黯然神伤……"

她替所有的人着想,害怕让他们失望,唯独忘记了要替自己着想,若活在别人的掌声、赞叹和羡慕之中,却离自己喜欢的样子越来越远,仿佛戴着一个僵硬的面具,时间越久,越不敢把它摘下来。

如今,我这位同学仍然过着外表光鲜、内心痛苦的日子,除了她自己没有人能将她从这种纠结的状态中拯救出来,而她早已经失去了所有的勇气。

你到商场去买衣服,选中了一件自己喜欢的。

朋友A说:"这件不好看,显得你皮肤黑。"你失望地把那件衣服放回去,又选了一件。

朋友B说:"这件也不好看,颜色不够靓。"

你转来转去,最终两手空空地回来,什么也没买成。又过了一天,你自己去商场,挑了一件喜欢的衣服,果断地付了钱,后来大家都说这件衣服很配你的气质……

很多时候,我们习惯于听家人和朋友的意见,他们总是告诉你这样不合适、那样不妥当,于是我们在众人的目光里,小心翼翼地前进,越来越接近世俗眼光中所谓的成功,却也越来越违背自己的内心,这就是很多人外表光鲜、内心疲惫的真实原因。

不要总是企图取悦别人,不必勉强融入某个圈子,相信自己,遵从自己的内心,做独立的自己。人生太短,每个人都有不同的路要走,谁都不想错过美丽的风景,而你不知道自己的方向,才是最大的麻烦。

作家艾小羊在一本书里写道:"真正的自由是见惯千种活法,却不羡慕、不嫉妒、不鄙视,安心地走在自己的人生道路上,不慌张,不急躁。在日复一日的坚持中,活得越来越像自己。"

所以,你必须找到自己,活得像自己,这才是你自己的本事。

03　想让别人闭嘴，你必须得值钱

一个阳光晴好的日子，我们几个闺蜜相约一起去郊游。平时过着从家到单位两点一线的生活，回归大自然的感觉那么惬意，当我们眯着眼睛躺在草地上晒太阳时，只有王小柔心不在焉，一次次拿起手机，却又一次次失望地放下。

这是什么情况？在我们的追问下，王小柔叹息着说，明天是丈夫的生日，她为了给他惊喜，提前网购了他最喜欢的茶叶和品牌西装，他分明在两个小时之前已经签收了，却连一句道谢的话也没有。小柔的丈夫自己开公司，生意做得相当红火，夫妻感情原本不错，女儿也上中学了，哪知他最近迷上了一位刚刚毕业的大学生，最开始还遮遮掩掩，后来干脆经常夜不归宿。

最开始，小柔也跟他吵闹，他竟然大言不惭地说："要想继续这种有房有车不愁没钱花的生活，你最好保持安静。"小柔一下子傻眼了，因为她结婚后一直做全职太太，经济上完全依赖丈夫，导致他做了亏心事还可以如此理直气壮。

　　小柔只好换了策略，对丈夫加倍温柔和体贴，以为这样可以稍稍挽回些局面。不料，丈夫的心思全在新欢那里，无论她做什么，换来的都是冷嘲热讽，甚至不屑一顾。小柔无奈地打算向女儿哭诉心中的委屈，却正巧听到女儿在电话里对同学说："我妈现在天天在家里哭，她怎么就不肯用心想一想，在老爸眼里，她已经一钱不值，眼泪能让她变得值钱吗？"

　　"看来，我还不如女儿有见识呢。"王小柔后来叹息着对我们说，因为经济不独立，让她没有办法人格独立，最终导致当婚姻出现问题时，就算忍辱负重、委曲求全也换不来丈夫的尊重。她还没想好明天的路怎么走，却已经清醒地认识到，学会蜕变和成长才是当前迫在眉睫的事情。

　　先努力，让自己变得值钱，那样就算婚姻解体，也不必惊慌失措。有时候，男人的背叛，反而是女人快速成长的最好时机。

　　"你们又去三亚了，没人告诉我……"

　　那天，马小丽在群里抱怨了半天，却没有一个人回应。两年前，我在参加一次跟团旅行时，因为半路上车子出现故障，大家被迫在一个小山沟的旅店里逗留了整整一天，闲坐无聊，有人建了个微信群，把所有的人都拉了进去，说是回去之后还要多联系，将来组团一起旅行。

　　话是这样说，其实这次旅程结束之后，我就没再把这件事情放在心上。因为我早就发现,群里的成员大多非富即贵,我跟人家的消费水平明显不在一个档次,上一次的相逢只是偶然。

我的同乡朋友马小丽却不这么想,在超市当收银员的她,收入虽然不多,却总喜欢攀比,看到群里有人花几千元钱买个名牌包,她买不起真品,却花半个月的工资买了仿制品,还扬扬得意地也拿出来晒,当时别人夸她品位不错,私下里却用"打肿脸充胖子"来嘲笑她。

马小丽为了挤进她们的小圈子,花了不少心思,她厨艺好,时常做些花样点心之类,邀请大家去吃,她们偶尔也回请她,去富丽堂皇的大饭店,故意点些不常见的菜,然后等着马小丽瞪大眼睛挨个问:"这是什么东西?"

她们常常相约一起旅游,每次都是等到在朋友圈晒照片时,马小丽才得知消息,她追着问:"为什么不告诉我?""就算人家告诉你,你去吗?"我反过来问她。

"当然不去,我又没钱。"马小丽叹一口气,又说,"我去不去是一回事,她们告不告诉我,又是另一回事,这不是明摆着不把我当朋友吗?"

她们当然没有把马小丽当朋友,偶尔请她吃一顿饭,似乎是一种恩赐,更多的时候,她这个穷姑娘的存在,不过是一个摆设,衬托她们高高在上的优越感罢了。

一个人没什么钱并不可怕,起点虽然不同,只要持续地付出努力就好,因为越努力,越幸运。马小丽这个傻姑娘没看透这一点,还在反复地抱怨。

打肿脸充胖子的人休怪别人看不起。有钱人和没钱人，有时候真的做不来朋友。

当年在农村老家，邻居李奶奶有三个儿子，老大老二成家之后，相继有了儿子，等到老三这里，却接连生了两个女儿。

李奶奶重男轻女思想严重，特别看不起三媳妇，连坐月子都不给她好脸色看，口口声声骂她不争气，生了两个不值钱的丫头片子。偏偏三叔是个老实木讷的人，不敢替老婆撑腰，三婶有眼泪也只能往肚子里咽。

等到孩子们该上幼儿园时，三婶不顾三叔的阻拦，也不理会李奶奶的冷嘲热讽，跑到县城租了一间房子，把女儿送进幼儿园之后，她自己跑到十字路口卖起了煎饼果子。她一心一意要做好这件事，用的面粉和调料都是最好的，味道好，价钱却不高，渐渐赢得了不少回头客。年终岁尾时一算账，三叔在家耕一年田，还不如她卖两个月煎饼果子赚得多。

三叔也跟着进城了，夫妻俩一起干，又兼卖其他饮料什么的，每天风里来雨里去，硬是靠这不起眼的小生意，一路把两个女儿送进了名牌大学。

孩子们也真争气，她们毕业之后，一个去了深圳的一家大银行，一个进了北京的一家外资企业，转眼间成了大家眼中的"有钱人"。两个女儿一起出钱给爸妈在县城买了房子，一个负责装修，一个负责购买所有家具家电,让他们舒舒服服搬进了新房。

这时,反倒是李奶奶的日子不好过起来,家里的老房子年久失修,夏天漏雨冬天灌风,老大老二对此视而不见,还是三婶悄悄给了三叔一笔钱,把老房子修好了不说,冬天还把李奶奶接到县城集体供暖的房子里住。

有人问三婶:"你婆婆当年口口声声骂两个丫头不值钱,现在反倒好意思住进她们买的房子里,你又何必管她呢?"三婶淡淡地一笑:"如果不是她当年骂我们不值钱,我也不会拼着命也要带孩子们进城,努力赚钱送她们进最好的学校……"

别人认为你不值钱时,你只需要在心里不服气、暗自努力就好,不需要争辩太多。来日方长,你只要坚持努力,让自己变得越来越值钱,总有一天,你会发现,所有的努力都不会白费。

04　你可以成全别人，但不要为难自己

同事小林，非常喜欢吃水果，有时候午餐也只吃水果，办公室的抽屉里，时常塞得满满的，她还经常拿给大家一起分享，被我们戏称为"水果女王"。

最近这些天，发现小林不对劲，忽然变得不太喜欢吃水果了，就算吃，也时常摆出一副遮遮掩掩的模样，太不像她的风格了！有一天，我无意中发现，她把刚买来的水果，直接倒进了垃圾箱，在我的追问之下，她终于说出了心中的苦衷。

原来，小林的邻居最近在小区门口摆了个水果摊，她知道小林最喜欢吃水果，每次看到她都热情地打招呼，让她多照顾自己的生意。

本来，小林都是到超市去买水果，价格不贵也很新鲜，而且可以随意挑拣，邻居的热情让她变得不好意思，只好改在她家购买。问题是这位邻居不太懂得经营之道，生意比较冷清，水果总是不太

新鲜，小林每次把水果拿回来，总要扔掉一部分，弄得心情十分不爽，当然更不好意思跟大家分享这样的水果了。

"这又何必呢？"我不由得劝她说，"她家的货不好，你完全可以到别人那里去买啊。"小林叹息一声："我们是邻居，她做点小生意也不容易，我总得成全她一下吧。"

不久，小林因为吃了邻居家不新鲜的水果，拉肚子引起发烧，整整打了五天点滴，从此她宁肯不吃水果，再也不敢为了成全邻居，继续为难自己的身体了。

我有一个闺密，脾气特别好，她和丈夫结婚之后，白天各自上班，晚上一起做饭收拾家务，周末去看电影、旅游，小日子过得很惬意。

她有个小姑子，中学毕业之后一直没有正经工作，跟着婆婆在农村老家生活。闺密有时跟丈夫回家，婆婆总是念叨女儿的事情，让他们给她想想办法。闺密结婚前，娘家送了她一套临街的门市房，现在正好空着，她灵机一动，主动提出说："不如让她开一家服装店吧！"全家人听了这个建议都很高兴。

接下来，闺密马不停蹄地装修店面、进货，万事俱备之后，才把小姑子接来当店主，笑着跟她说："店里赚的钱全归你，将来把成本还给我就行。"没想到，这个小姑子天生是个懒虫，放着这么好的机会不珍惜，天天睡到日上三竿才慢悠悠出去，在家里脏衣服乱丢，从来不洗碗不扫地，把原本整洁有序的家弄得乱七八糟。闺密脾气再好，心里也感觉不舒服，她默默地收拾好一切，什么也不说，唯恐丈夫为难。

最糟糕的是，小姑子对服装店里的事情完全不走心，高兴了就开门，不高兴了就关门，有顾客来了她也不打招呼，衣服落满了灰尘也不整理，服装店开了不到两个月就黄了，她不但不觉得愧对嫂子一番心意，反而天天宅在他们的小家里玩手机，连工作也不找，过起了衣来伸手、饭来张口的生活。

闺密这时已经怀孕，身体各种不舒服，还要伺候像公主一样的小姑子，最后还是丈夫实在看不下去，找了个借口，把自己的妹妹重新送回了老家。

闺密一心想成全小姑子，为此不惜忍气吞声为难自己，最后却仍然惹得小姑子大为不满，对这种像烂泥一样扶不上墙的人，就算你再怎么想成全又有什么用，她自己不争气，老天爷也没办法。

周末，正赶上天气晴好、鸟语花香的日子，一帮老同学约好去野餐，大家早早带着丰富的食材聚到一起，却独独不见文文的身影，我打电话过去，听到电话那边一片嘈杂，有音乐声，有孩子哭闹声，文文匆匆说了一句："我带妹妹的女儿来游乐场，两口子都去旅游了……"

因为家里经济条件拮据，文文身为家中长女，当年本来成绩优异的她，没有读完中学就辍学去打工，用自己辛苦赚来的钱供养弟弟妹妹上学，等到他们一个个飞出去，分别在城里安了家，文文还

没来得及松一口气,更多的麻烦事接踵而来:

弟弟家要装修新房,他们夫妻忙,没空监工,文文每天起早贪黑守在那里,白天吃不到热乎饭,晚上随便在地板上铺条被子休息,整整一个月几乎没回家,等到新房装修完毕,她回到自己家,牙龈肿、胃痛,被各种不舒服折磨得体重直线下降。

有一次,妹妹家的孩子病了,不过是普通的感冒,妹妹哭哭啼啼打来一个电话,她凌晨5点就摸黑起床赶到医院陪伴,整整在那里陪了五天,全然不顾自己严重的腰椎间盘突出。最后从医院回来,她在床上疼痛难忍,一连好几天都起不来……

文文如此辛苦地付出,换来的并不是弟弟妹妹的理解,他们从小就习惯了"有困难找姐姐",感觉一切都是天经地义的。

有一次,弟弟家要买车,找文文借钱,当时她家也刚买了房子,手里确实没有钱,只好如实相告,哪知弟弟一听就恼了,竟然连续三个月不接姐姐的电话。最后,文文没办法,只好找朋友借了些钱送过去,弟弟冷冰冰的脸上这才有了笑容。

我们都替文文感到不值,劝她也要对自己爱惜一点儿,她总是说:"我是姐姐,我不成全他们,还能指望谁?"

她倒是成全了别人,却把自己的生活弄得一团糟,丈夫和孩子也都不满意,这种无底线的付出,相当于自虐,真不知道她还要为难自己到什么时候。

成全别人,本来是一种善意,可是现实生活中,有些人为了成全别人，直接把自己忽略掉了，总是对别人很好，对自己却太差。

想要成全别人，第一件要做的事情，就是先问问自己：这个人、这件事到底有多重要，值不值得你把自己丢到一边去成全？

你还要学会分辨，哪些成全你能做到，哪些成全超出了自己的承受范围。停止没有底线的付出，因为委曲求全的结果都很难如人愿，你牺牲了很多，别人未必完全领情，你有一次做不到成全，之前所有的付出都可能变成零。在这个世界上，不是所有的人都懂得知恩图报，所以，你也没有必要总是委屈自己，当一个总是成全别人的老好人。

当然，有些人做好事，是出于善良的本性，根本不图回报。那么你只要掌握最基本的底线就好，那就是：你可以成全别人，但不要为难自己。

05　你过得不快乐，跟这三个字有关

好友橘子买了新房，装修完毕，兴冲冲地搬了家。

住到新房的第二天，她打电话问我："你还记得我那套青花陶瓷的茶具吗？"我笑："当然记得啊，那是你参加演讲比赛的奖品，茶具的花纹细密精美，还配着竹制的茶盘，我看着都喜欢，想用它喝杯茶，你却不肯呢！"

"我岂止是舍不得让你用，我自己也没用它喝过一口茶！你也知道，这套茶具价值不菲，加上我当时为了赢得那场演讲比赛，整整拼了一个多月，所以对它格外珍惜。这么多年我一直珍藏这套茶具，就想等到有了自己的新房，坐在明媚的春光里，用它煮一壶茶，慢慢品，细细酌，屋子里窗明几净，窗外鸟语花香，身边坐着情投意合的朋友或爱人……"橘子梦呓一般地描述着，我打断她说："不过是喝杯茶，有那么复杂吗？"

"可惜啊,昨天搬家时,儿子在地板上打滚,没留神飞起一脚把茶具踢飞了!早知道这样,我何必一直舍不得用呢?"橘子伤心地说。

茶具再漂亮,也只是一种喝茶的工具,因为舍不得用,橘子最终没能用它喝过一杯茶,最后只能对着一堆碎片徒然叹息。

一个人过得不快乐,有时候是因为有太多的舍不得。买了新衣服舍不得穿,留着就过时了。精美的食物舍不得吃,留到过期只能扔掉。手里有钱舍不得出去旅游,等到有一天终于想去时,发现自己已经走不动了……

当你拥有一件美好的东西时,一定要物尽所用,一时的舍不得,反而是一种浪费,对你和它,都是。

日常生活中,有不少人把"舍不得"挂在嘴边,以为这就是节俭,是一种美德。殊不知,过多的舍不得,有时候会让你付出意想不到的代价。

有一年,父母家的老房子那边,搬来一户新邻居,夫妻俩带着刚满周岁的儿子,女主人青青,生完孩子就没去上班,丈夫在一家行政单位当科员。他们刚搬来没多久,老妈就频频对我说:"那个青青呀,真是太会过日子了,哪像现在有些年轻人,就知道追求吃和穿!"

老妈节俭了一辈子,有各种奇葩的省钱绝招,能够被她如此夸奖的人，难道技高一筹？我冷眼旁观了一段时间，发现青青果然够节俭：

她背十元钱买来的包，用得久了，带子断了，舍不得丢，她自己直接再缝回去。

怀孕时的衣服，她舍不得丢掉，时不时拿出来穿，许多人都以为她怀了二胎。

她买手纸都要分两种，儿子皮肤娇嫩，用稍微贵一点儿的，自己则用最便宜的那种。

她只喜欢在傍晚时逛超市，那时会处理不新鲜的水果，她买回来挑挑拣拣，好的给丈夫和儿子，不好的自己吃。

有一次，我忍不住劝青青："你老公一个月也有几千元，你至于这么节省吗？"她笑着说："其实我也挺爱美的，每次逛街看到名牌的背包和衣服，也会忍不住停下来看一看，但是你看，我家还没有买房子，我必须要攒钱啊……"

青青舍不得给自己花钱，但是给老公买衣服永远不嫌贵，她说反正自己不上班，穿差点儿无所谓，但是如果老公穿得寒碜了，怕让人笑话。

拼命节约的青青，大概怎么也不会想到，没等到她攒够新房子首付的钱，老公就出轨了：有一天，她从市场买了最便宜的青菜回来，心里扬扬得意又省了几元钱，晚上要用这些青菜包顿饺子吃，无意中抬头，看到被她打扮得那么光鲜的老公，正笑意盈盈地走出一家茶楼，跟他并肩走着一个漂亮的女人，她脸上的笑容同样灿烂，她背着青青一直舍不得买的包包，她还穿着青青喜欢又没舍得买的衣服……

最最重要的是，这个女人的手，此刻正牵在青青老公的手中！

青青手里的包掉在了地上，那个只有十元钱的包，被她用粗针大线缝过、粗糙而难看的针脚，此时仿佛变成了无声的嘲讽：你这么舍不得，难道就是为了有一天，把自己逼到如此难堪的地步吗？

没等到青青想好对策，老公就抢在前面提出了离婚。他说，我早就过腻了这种拼命节俭的日子，就连吃完饭打嗝时，嘴里泛出的都是打折青菜的味道……

天啊，你打嗝时，嘴里是打折青菜的味道，难道我打嗝时，嘴里是山珍海味的味道吗？我这样舍不得花钱，还不是为了攒钱买房子？青青满腹的委屈，最后只能化成泪水和后悔。

节俭固然是一种美德，但是女人如果永远都舍不得花钱，让生活水平一直在低层次徘徊，也许不知道从哪天开始，那个曾经视你为宝贝的男人，目光开始在那些活得精致的女人那里徘徊，于是你舍不得花掉的钱，被别的女人轻松地花掉了……

因为舍不得，却丢掉了原本可以相守的爱情，实在太不值啊。

有人说，一个姑娘在谈恋爱时，想知道对方是否爱你，就要看他是否舍得为你花钱。

　　我的同事A姑娘，最近就遇到了这样的难题。她和男友恋爱一年多，正在为是否结婚而纠结。

　　她说，他们出去吃饭时，男友总会第一时间用软件搜索，寻找打折的饭店，如果当时恰好没有让他满意的折扣，干脆取消约会，改天再吃。他的理论是，早一天去吃跟晚一天去吃没有什么区别，反正是吃，但是打五折和打九折，一顿饭吃下来却差了不少钱呢。

　　A姑娘喜欢看电影，对月收入几千元的她来说，花百元左右看一场电影，算不得多么奢侈的事情，可是她每次提议去看电影，男友总是嫌贵，说是再等等就可以在网上看，一分钱都不用花。A姑娘一气之下，自己跑去看，他听说之后会特别不高兴，一堆说服教育的理论轰炸过来，把她看完电影的好心情破坏殆尽。

　　他有车，但是几乎不开，也舍不得打出租车。

　　有一次，他们去参加朋友的婚礼，A姑娘踩了细高跟的鞋子，化了精致的妆，袅袅婷婷站在路边，正准备挥手叫出租车，他却急忙拦阻，说是走五分钟就有公交车，何必多花钱。可怜那天天气炎热，偏巧公交车上的空调又坏了，A姑娘大汗淋漓地挤在人群里，一张精致妆容的小脸，很快就变成了大花猫，衣服也被挤得皱巴巴的，简直没脸去赴宴……

　　还有一次，A姑娘快要过生日了，男友居然大方地问她想要什么礼物,她兴致勃勃在商场选了一条心仪的裙子,也不过才一千多元。男友却迟迟不付款,拉着她转身就走,还说过几天有惊喜。

等到生日那天,所谓的惊喜果然来了,男友得意地拿出刚收到的快递,里面装的正是A姑娘喜欢的那条裙子,哪哪儿都一样,只是颜色不正,做工也粗糙许多,再一翻价签,才100多元!原来,那天男友用手机拍了裙子的照片,回来之后很轻松地在某宝找到了同款……

A姑娘直接把这条裙子扔到了垃圾箱里,两人不欢而散!

尽管男友跟她在一起,什么都舍不得,A姑娘却舍不得分手:因为男友不仅长得帅,而且工作不错,薪水非常高,也就是说他什么都舍不得,并非没钱,而是有钱不肯花。这样的男人,也许正如别人所说的那样,将来也许是居家过日子的好手。

A姑娘的纠结,终止于一次她半夜忽然腹痛难忍。她被紧急送到医院之后,被诊断为急性阑尾炎,必须马上做手术,紧急关头,男友却犹犹豫豫地小声说:"其实这不过是一个小手术,我有个朋友在另一家医院,那里的手术费至少比这里便宜一半儿。不如咱们转院吧!"

A姑娘大颗的泪水滚下来,从牙缝里挤出一个字:"滚!"做完这次手术,A姑娘终于选择和他分手,她叹息着说:"跟他在一起,我担心万一哪天患上疑难杂症,他也会精密地计算一番,然后为了避免人财两空,早早地选择放弃……"

我们都为A姑娘理智的选择而庆幸，因为大家的心里早就憋了一句话：这样的男人，你舍不得放手，迟早会更伤心。

一个男人外在的条件再优秀，舍不得给心爱的女人花钱，都不值得留恋。因为你跟他在一起，感受不到他对你的在乎，当然不会快乐，也没有幸福可言。如果舍不得他，那你就准备好让自己痛苦一辈子吧。

人生苦短，我们每个人可以活得很卑微，但也可以活得很出色，可以活得很痛苦，也可以活得很快乐，关键看你怎么去选择。

让许多原本应该舍得、你却一直舍不得的事情缠身，你就会活得又累又不开心。

你舍不得丢掉没用的旧衣物，却任由它们浪费昂贵的空间，看着堵心，免不了闹心。

你舍不得付出汗水减肥，只能痛心地羡慕别人的小蛮腰。

你舍不得离开渣男，让自己不断流泪、纠结，只好与痛苦如影随形。

你舍不得为自己花钱，自然有别的女人替你花，还要搭进去一个你千挑万选得来的男人。

你舍不得让自己的孩子读书太苦，未来怎么能让孩子找到通往世界的路呢？

你舍不得丢掉一份只能解决温饱、却看不到前途的工作，却舍得丢掉自己多年的梦想。

人生种种，不可能十全十美，你必须懂得如何选择。所谓舍得，就是必须先舍，然后才能得。

你什么都舍不得，其实就是看不透，输不起，放不下，凭什么还想得到快乐？

06　宁愿心动一秒，也不要心碎一生

王菲在《传奇》中深情地唱道："只因为在人群中多看了你一眼，再也没能忘掉你容颜。"

我的同事小珍，最喜欢用这句歌词，来诠释自己对西藏最初的迷恋。

她上中学时，偶然看到一部关于西藏的宣传短片，那些美轮美奂的风景，仿佛施展了什么魔法一样，让她再也忘不掉。

从此，她成了一个西藏迷，为此，原本理科成绩不错的她，在高二分科时，毅然决然地选了文科，想学习更多的地理知识，为将来西藏游打基础。带着这样的梦想，她一路从中学到大学，又通过参加招聘来到工作岗位，一路马不停蹄，竟然始终没有找到去西藏的机会，不是没时间，就是没有钱。

总之，尽管小珍的手机铃声是关于西藏的歌曲，电脑屏保是西

藏的风景，她也整天开口闭口谈西藏，它却仍然保持在"梦想"的状态，她甚至被大家称为"伪西藏迷"。

直到有一天，小珍读到了英国剧作家蕾秋·乔伊斯的《一个人的朝圣》。

这个故事其实并不复杂。

主人公哈罗德·弗莱，在酿酒厂干了四十年销售代表，退休时悄无声息地离开了工作多年的地方。

有一天，哈罗德收到一封信，来自二十年不曾谋面的老朋友奎妮。她患了癌症晚期，站在生命尽头的门槛上，写信向他告别。

他震惊地反复看信，又怀着悲痛的心情写了回信。

就在准备去寄信的路上，他由奎妮想到自己的人生，经过一个又一个邮筒，越走越远，却一直没有停下来。最后，他从英国最西南一路走到了最东北，八十七天横跨了整个英格兰。

从一封信开始心动，然后完成了别人看似不可思议的旅程，小珍被这个故事深深打动了。她把所有的年休假拼到一起，打起简单的行李，一路驰骋而去，仅仅五天之后，她就站在了那片梦寐以求的土地上。

那一刻，小珍热泪盈眶。

每个人生命的旅程中，都有心动的时刻，选择行动还是放弃，决定了你最终拥有的人生也会不同。

我在参加周末郊游活动时,偶然认识了晴姐。

她一身休闲装,扎着马尾,举止十分干练。我们一路同行,路边所有的花花草草,她都能叫出来名字,对它们的生长习性也如数家珍。

"你懂得可真多呀。"我感慨道。她哈哈一笑:"一个人几十年如一日保持同样的爱好,想不懂都难!"

原来,她从小就对花草感兴趣,不但经常种植,还读了很多相关的书,光是笔记就有厚厚的一大摞,她的家和办公室,都用绿植装扮得生机盎然,不知惹得多少人羡慕。

晴姐是一家事业单位的中层干部,平时工作很忙。偶然有了空闲,她会在朋友圈晒晒自己种植的花卉,我也很喜欢看,每次都去点赞,有时还会咨询一些关于养花的常识。

有一天,晴姐打来电话:"步行街,左拐,紧临书店旁边的位置,有一家花店,你来啊。"以为她发现了什么奇异的宝贝,我兴冲冲赶过去,却见晴姐穿着工装,手拿剪刀,正在聚精会神地为一株郁金香修枝剪叶。

"这是我开的花店,喜欢什么就拿,甭客气!"晴姐笑声爽朗地说。

原来,晴姐在职场打拼这么多年,心里却一直有个小小的心愿:开一家属于自己的花店。只是,这个愿望如一株小小的火苗,只是偶然在心里闪烁一下,更多的时候,她只能将自己置身于枯燥的公文和烦琐的会议当中。

不久前的一天,晴姐去公园,偶遇童年时的一个玩伴,隔了几十年的光阴,她们说起当年的种种糗事,忍不住笑出了眼泪。

晴姐问:"你做什么工作呢?"她答:"服装设计。你看,我身上的这套休闲装,就是自己设计的。对了,你的花店呢?"

原来,这位童年的伙伴,特别爱穿漂亮的衣服,当年的梦想就是自己设计衣服,她也仍然记得晴姐开花店的梦想。

"我没有你那么幸运,没有实现愿望,在单位上班呢。"晴姐一声叹息。

"也没什么,过不了几年就退休,到时也不算晚。"对方好心的安慰,却如一声惊雷,在晴姐的心里炸开了,当天晚上她整夜失眠:

时间过得真快,过不了几年就要退休。

退休之后,也许很快就要给儿女们抱孩子……

什么时候,才算真正有自己的时间?

人生这么短,难道我非要等够这几年再去实现愿望?何必呢?她越想越激动,第二天利索地辞掉了工作,这才拥有了梦寐以求的花店。

"我心动了那么久,一直不敢行动,前怕狼后怕虎。现在想起来真是可笑啊……"

把心动变成行动，让行走于花丛中的晴姐显得那么光彩动人。

电影《怦然心动》中，有这样一句台词："有一天你会遇到一个彩虹般绚丽的人，从此以后，其他人不过就是匆匆浮云。"

表妹秋秋的爱情故事，就是一个类似这样的版本。

她从小家教很严，一直到大学毕业，都没有谈过恋爱，快三十岁了没有对象，她也不着急，只爱好美食和看书，整天乐呵呵的。表姑这时又反过来唉声叹气："读书多了有什么好，人都傻掉了！"

一年前，有人给秋秋介绍了一个男友，两个年龄刚刚好的人，不紧不慢地开始交往。有一天，我问她谈得怎么样，她答："该聊的都聊差不多了。我知道他家住哪里，从小到大在什么学校上学，父母又在哪里工作。我的这些情况，他也都知道。"

我瞪大眼睛说："你们是在谈恋爱啊，应该有说不完的话，怎么会像你说得的那样无趣啊！"

没多久，他们果然分手了。

正当大家都在为秋秋的感情归宿担忧时，有一天，她跑来找我，兴奋地说："我的心里，仿佛有一个小巧的、隐蔽的按钮，被轻轻碰触了一下，啪地打开了。"

她说这番话时,坐在落地窗前的摇椅上,斑驳的阳光下,她脸上的表情羞怯动人,一直被她痛恨的小雀斑都变得好看起来。

原来,有一天,秋秋去面馆吃饭时,一位顾客不知怎么脚下一滑,正巧撞到了秋秋,她的眼镜"啪"一下飞出去,眼镜腿断了。

高度近视的她,只听到有个男生一直在说"对不起",然后就直接叫了出租车,带着她一路飞奔。等到她把修好的眼镜重新戴上,才看清楚站在自己面前的男生,个子很高,脸上有着干净的笑容。

所谓不"撞"不相识:

他请她吃饭,弥补自己的失误,发现两人最钟爱的都是火锅。

饭后,他们争着付账,她的包散开了,从里面掉出一本小说,他看到就笑了:"真巧,我昨天在图书馆也借了这本书呢。"

……

秋秋找我聊天,滔滔不绝地讲述这番奇遇,她说她兴奋得整夜睡不着。

她一扫从前的漫不经心,每次出去约会,总是紧张地反复换衣服,本来不喜欢化妆的她也要淡淡地抹一下口红。

我知道,这一次,秋秋找到了心动的感觉。

然后呢?

然后秋秋就嫁给了心中的王子,两人相伴,已经走过了六年柴米油盐的日子。这才是童话故事最好的结局。

曾经，我在一本名为《我的青春从爱你开始》的书中看到这样一段话："人间总是充满了奇迹，在某一个瞬间你忽然决定要对某人心动，可能是因为一丝微笑，一个低头或者一个挑眉。这完全是没有任何理由的事，然而在你大脑中的某一个区域却忽然开始疯狂地释放神经递质，让血液中的多巴胺浓度在一瞬间达到了顶点，这种变化让身体开始变得暖洋洋的，轻飘飘的，仿佛踏在云端。"

这段话所形容的，正是爱情中怦然心动的感觉。

不只是爱情，让你心动的，很可能是藏在心底很久的一个梦，它有时候距离你那么遥远，远到你已经早就忘记了它，就在某个特殊的瞬间，因为一首歌、一本书、一次偶遇，它忽然又出现了，像是谁无意中碰触到了一个特殊的开关，像一朵迟开的花，让你恍然如梦、心动不已。

然后，你只是一声叹息，摇一摇头，让那个你心动的瞬间随风而去，再次让自己从云端走下来，转身一脚跌回庸常的生活中。这是大多数人的选择。

但也会有一些人，终于有了突破自己的勇气，心动了，然后行动了。

或许，行动的最终结果，仍然没找到你心中的诗和远方，却找到了渴盼已久的答案，就算从此心死，也不再有遗憾。至少，自己已经尝试了。

心动了，却没有行动，所有的梦想，就只能是做梦和想象。

虽然行动不一定会成功，但不行动则一定不会成功。

心动只需要一秒。

错过令人心动的人或事情，可能会后悔一辈子。

07　我要嫁给爱情，不要嫁给婚姻

我的好友夕夕，和男友相恋两年，婚期在即，大红的请柬也已经发了出去。

谁都没想到，夕夕忽然选择了悔婚，她在朋友圈里这样写道：对所有的人说抱歉，我做了一个最困难也最需要勇气的决定，我不结婚了。

接着，她一一给至亲好友打电话，恳切地表示道歉；她在办公室接到未婚夫母亲的电话，任凭对方用多么难听的话责骂，她泪如雨下，却没有为自己辩解一句。

夕夕跟我说，是她主动提出取消婚约的，理应承担一切后果。

说起来，夕夕跟男友交往这么久，平时相处得还算可以，不料从开始商讨婚姻大事，两个人之间开始摩擦不断，夕夕喜欢唯美浪漫的风格，而男友处处讲究实用，他们从窗帘的颜色，到浴室的装修风格，意见都不一致。

婚礼现场夕夕打算用鲜花装点，男友却坚决表示用仿真花效果也不错，完全不必要浪费那么多钱，因为他的口头禅只有三个字：不值得。

有一天，当两个人为了婚床究竟买欧式还是中式，又一次吵得不可开交时，男友口口声声"不值得"，让她不由得问自己，从谈恋爱开始，不管遇到什么事情，他处处都要占上风，他值得自己把一生的幸福交付吗？

这样一问，让本来为了婚礼热情高涨的夕夕，情绪忽然降到冰点，因为想到了过往：两个人一起吃饭，他永远只按自己的口味点菜；约好了一起郊游，提前买好零食等着的总是夕夕，他永远两手空空地迟到；他过生日，夕夕花了一个月的工资，买他舍不得买的名牌西服，轮到她过生日，他倒是送了一个包，但用了没几次背带就断掉了，原来只是几十元的劣质货。

夕夕说，自己多付出一点儿，她并不怕，但是人生无常，她怕的是，万一哪天他病倒，她一定会不离不弃守着，如果换了是她有什么意外，他又能坚持多久？

最后，夕夕得出的结论是，这个男人不爱自己，起码爱得不够深。她宁肯在婚礼前想清楚一切，背负毁约的骂名，也不要为了所谓的面子，坚持把婚礼进行到底。毕竟，婚姻是一件长久的事情，能不能相守才是最重要的。

夕夕的选择无疑是聪明而理智的，经历了这样一场风波以后，未来的日子，不管是否有人爱她，最起码，她将学会先珍惜自己，不会再为了讨好对方，一味地退让。结婚是一件幸福的事情，前提是你要嫁对人，至少，他要懂得呵护和尊重你。

每个姑娘都希望，在刚刚好的年龄，能够遇到一个刚刚好的人。现实生活中，不会总有这么幸运又这么美好的事情，有的人仅仅因为年龄大了，害怕别人异样的目光，草草选择了婚姻；也有的人，却坚持挑战世俗的底线。

那天刚上班，就看到同事毛毛发了一条朋友圈：

"6斤6两的小胖妞，平安着陆了。"

照片里的小丫头，果然胖嘟嘟的，睡得正香。

这件事一时成了同事们热议的话题。

"真没想到啊！"

"不容易啊！"

毛毛应聘到我们公司时，芳龄二十八岁，她本来在北京一家出版社工作，薪水很高、自己也很喜欢，选择回小城是因为母亲身体不好，还做了两次大手术，而她是家里的独生女。这个年龄的女孩在北京单身，算不上什么问题，在我们这里却成了标准的"剩女"。

于是，毛毛上班没几天，连办公室的椅子还没有坐热，就被频频拉去相亲，几番折腾之后，却又忽然冷清下来，因为大家都觉得毛毛太挑剔。

"我没有挑剔啊，我只是想，未来的另一半，每天都要共同相处十几个小时，至少要谈得来，这不算过分吧？"

毛毛满腹委屈，因为跟她相亲的那几位，几乎总是刚见面，就迫不及待谈房子、车子和薪水，然后，就没有什么可谈的了。接下来，如果她说自己的业余爱好，是泡图书馆、听音乐、学书法、旅行之类，对方看她的眼神，就像遇到了国宝大熊猫。

于是，接下来的几年，毛毛一直独来独往，不管在公司加班多晚，她总是独自开车走，没有人等着她，也没有人关心她要去哪里。

有时候，我都觉得毛毛的背影孤单得可怜，忍不住劝她："差不多就行，别太挑了。"她俏皮地笑："差不多？结果可差太多了。"

于是，她三十二岁了，仍然单身，除了照料母亲，几乎把所有的精力都用在学习上，很快就成了业务高手。每次公司有重大谈判，总能看到她侃侃而谈、舌战对手的精彩情景。

一天，有位衣着和谈吐都颇为不俗的女人，神神秘秘到公司，直接找老总打听毛毛的情况。老总乍一听，以为有人要挖墙脚，听到后来却眉开眼笑。

原来，这个女人家有一个年龄和毛毛相当的儿子，因为考研等各种原因，一直没有正经地谈过恋爱。她有一次在朋友开的公司玩，偶然看到了去谈业务的毛毛，感觉这个女孩跟自己的儿子各方面都很般配，这才找上门来……

于是，由我们的老总亲自出面牵线，毛毛的恋爱顺利拉开帷幕，两人一见钟情。

于是，毛毛在三十三岁那年，甜蜜地披上了婚纱，又在三十四岁这年，升级为幸福的妈妈。

我第一次看到毛毛的爱人，脑海里不由得就浮出一句俗语：好饭不怕晚，好女不愁嫁。

因为，这个帅小伙跟毛毛站在一起，给人的感觉，就是两个人哪儿哪儿都般配，分明是老天爷早就配好的一对儿呀。

时机未到，不着急嫁，也不恨嫁，让毛毛最终嫁给了对的人。

在外人眼里，这样的爱情来得有点儿迟，但是用这样的迟到，换取一生的幸福，毛毛实在是赚翻了！

身为未嫁的姑娘，大约心里都有一个梦，希望遇到对的人，然后与他"执子之手，与子偕老"，但是现实生活中，却有太多的人，最终嫁的并不是理想中的他。

邻居家的小童，嫁出去不到一年，日子本应该甜甜蜜蜜，可她每次回娘家，却总是哭哭啼啼，叫苦连天，一个十足的怨妇。

说起来，小童的恋爱版本，就像灰姑娘遇到了王子一样，颇有几分传奇的味道。小童长得美，身材高挑，皮肤白皙，一双大眼睛顾盼有神，她大学毕业应聘到一家公司当文员，上班没多久，就被一位经理的儿子看中，两人以闪电般的速度坠入爱河，并且很快开始谈婚论嫁。

小童的父母都是普通工人，家境很一般，男友又帅又有钱，这让她对这段感情颇为得意。但是，不和谐的状况同时也出现了：

男友有一个妹妹，从小娇惯得像个公主，她发现未来的嫂子戴了一条漂亮的手链，立刻就问："我哥给你买的吧？"小童点点头，她紧跟着又来了一句，"我猜也是这样，你自己又买不起！"

隔几天，小童穿了一双名牌鞋，她又会说："找个有钱的男朋友就是好，这么快就把全身的行头都升级成了名牌，呵呵……"

小童委屈得直掉眼泪，男友却不以为然地说："跟小孩子一般见识，多可笑！"就连小童的母亲也说："别理她，女儿早晚要出嫁，他们家的一切，早晚都是你的，现在争什么！"

于是，小童披上婚纱把自己嫁了。婚后不久，她才发现，瞧不起自己的，远远不只小姑子一个人。因为丈夫不讲卫生，喜欢乱丢脏衣服，她发几句牢骚，他就会说："这些活儿有保姆呢，你操什么心啊。哦，我倒是忘了，你们家大概从来没请过保姆吧？"

隔几天，小童发现丈夫一心沉迷于电子游戏，刚要劝他有点儿上进心，婆婆不冷不热地说："他就是打一辈子游戏，也不用为吃饭穿衣发愁……"

直到这时，小童才深深地感受到，由于家庭出身不同，导致生活习惯、教育程度等方面的差别，丈夫全家人，其实都从骨子里瞧不起自己，他们时刻都摆出一副高高在上的模样，而她就因为娘家比他们穷，就成了等着挨打的活靶子，时刻都有中枪的可能！

许多不了解小童婚姻真实情况的人，都羡慕她，似乎一个漂亮女孩，嫁了有钱男友，总算没有白白辜负老天爷的恩赐，只有她心里明白，自己嫁的只是一个华丽的婚姻外壳，看似炫目，却没有温度。

婚姻不是儿戏，关系到两个人的一辈子，在决定和那个人进入围城之前，你一定要问清楚自己为什么要结婚，不能因为以下几条就仓促结婚：

我年龄大了，再不嫁出去，就彻底变成了剩女。

他的家境还不错啊，嫁过去一定不会吃亏。

我自己没什么感觉，但是大家都说我们挺合适的，就这样吧。

我们都谈了这么久，亲朋好友都知道了，不结婚的话怎么向他们交代？

……

以上答案都不应该是你决定结婚的理由。

结婚是一件美好的事情，就好像一个人独自跋涉了很久，兜兜转转看了许多的风景，忽然遇到一个对的人，不想放手了。

他会让你觉得，之前遇到过的所有的人，都不过是浮云。

你想跟他一起生两个胖娃娃，一个像他，另一个像你。

你想在阳光暖暖的日子，和他一起坐在餐桌前，哪怕只是粗茶淡饭，也挺好。

你遇到伤心的事情，只想躲在他的怀里哭，而他只要用手揉揉你的头发,说一句"好啦好啦",你刹那间就会放下纠结,只想就这样和他天荒地老。

……

恭喜你,这才是找到爱人的感觉。嫁给爱情,然后一起努力过幸福的日子,这是正确打开婚姻的唯一方式。

所以,在没有遇到爱情时,亲爱的姑娘,请不要慌张,老天爷让你等待,一定有更精彩的安排。

08　女人能不能过好这一生，往往由这一点决定

傍晚，我带女儿到公园玩。一位年轻的妈妈，手里也牵着一个和我家女儿差不多大的孩子，她追着我问："你家孩子的裙子真漂亮，在哪里买的，多少钱啊？"

不久前，我去一家商场闲逛，偶然看到这件带有手工刺绣的白纱裙，觉得适合女儿穿，于是花一百元钱买下来。

当我如实相告时，女人惊讶地说："一百元呀，太贵了！"

"现在物价这么高，一百元给孩子买条裙子，不能算贵吧？"

"我没钱啊。"女人叹息着，讲了自己的故事：

她原本在一家服装厂上班，收入还可以。结婚之后有了女儿，因为没有人帮忙带，她就成了全职妈妈，老公在一家企业当技术工人，每个月都能赚好几千元，但是他把钱都存起来，给她的零花钱，从来不超过五十元钱，而且每次给的时候，都要冷着脸说：

"不许乱花啊!"

她说,老公之所以这样小气,因为他是个重男轻女的人,认为她生个丫头片子,能凑合着养活就不错了,他的钱,将来是要留给儿子买房子的。他笃定,她一定能给他再生个儿子,于是从女儿几个月开始,他就多次跟她提出生儿子的宏伟计划,她没答应,为了这件事情,两人屡次吵翻了天。

"我不敢生二胎啊,他现在对女儿这样冷漠,几乎从来都不抱她,万一我再生一个女儿呢?"女人说,丈夫给的零花钱,买日常用品都不够,她带着孩子又不能去工作,偶尔替别人做点手工活儿,赚一点儿钱还得赶快藏起来,因为丈夫发现了会没收。于是,她只能用微薄的私房钱给女儿买最便宜的奶粉,让她捡别人孩子的旧衣服穿……

女人自己没有钱,男人又舍不得给钱,连想给孩子买件好看的衣服都是奢望,她一声声的叹息,让我感觉很沉重:真不知道眼前这个天真无邪的小女孩,将来要面对怎样的命运。

女人自己不能赚钱,有时只能忍受窘迫的人生,不仅是自己,还捎带着给了女儿一个如此不堪的家庭,这样的人生,太沉重。

"钱是女人最好的护肤品,女人最好的美容方式是有钱。"我的老同学容容,一直对这句话深信不疑。

容容家庭条件一般,却发誓要嫁个有钱人,也如愿嫁了一位富二代。婚后,男人深情地跟她说:"不用去上班了,我养得起你。"她闪电般辞掉了工作,不久却发现,等待自己的,并不是公主一样的生活。

婆婆跟容容住在一起,是个特别挑剔的人,她自己不爱做饭,也不愿意请保姆。容容做饭时,她却紧紧地盯着,一会儿说:"你放那么多盐,不会是把卖盐的人打死了吧?"一会儿又说:"辣椒切成这种模样,真让人没食欲!"

有一次,婆婆想喝甲鱼汤,容容跟一个厨艺不错的朋友请教了半天,终于依葫芦画瓢炖了一锅。婆婆尝了几口,就连连说不好喝,还叹息着说:"甲鱼这么贵,你们家大概从来舍不得买,吃都没吃过,难怪你不会做……"容容差点儿被气晕。

让容容感觉最难过的,还不是婆婆的挑剔,而是丈夫高高在上的姿态。她原本有几个关系不错的闺蜜,时不时聚在一起吃吃饭、唱唱歌。

有一次,她又和闺蜜出去玩,吃完饭发现外面下起了大雨,因为一时打不到车,她打电话让老公来接,他倒是行动迅速,却满脸不高兴地说:"以后想出来吃饭,至少也要找个有档次的酒店。你到这种地方来,让别人看见岂不笑话我?也太丢面子了吧!"

当天的饭局,是跟容容关系最好的一位闺蜜安排的,因为这里的剁椒鱼头很好吃，是容容当年上学时最喜欢的一道菜。

看到闺蜜一脸尴尬，容容气得当时就跟丈夫大吵起来。此后，朋友们再有饭局，也不再叫容容参加了。

每天面对柴米油盐的琐碎，又被原来的朋友圈屏蔽掉的容容，慢慢变得无心打扮自己，花大价钱买来的高档化妆品，上面都落满了灰尘。老公对她不满意，她的脾气也越来越差。

未嫁之前的容容，买不起高档的化妆品，脸上至少有纯净的笑容；再看现在的她，虽然完全不必再为衣食发愁，却总是郁郁寡欢的样子，又不注重仪表，已经提前沦陷到了中年大妈的阵营。

如此看来，钱的确可以为女人换来最好的护肤品，但是再多的钱，也买不来好心情。因为嫁了有钱的老公，容容也变成了有钱人，但她在婚姻生活中放弃了独立，也就意味着在一定程度上放弃了自由和尊严，她的人生像一本书，有着精美的外壳，内容却不忍卒读。

曾经在网上看到这样一段话：

"女人一定要有自己挣钱的本领，而且会开车，会打扮。车子有油，手机有电，钱包有钱，这些就是安全感。"

我的闺蜜小明就是这样一个女人，她的老公是一家企业的中层主管，年薪丰厚，但她自己一直坚持开网店赚钱，在银行有单独的账户。平时家里的开销用不着动她的钱，但是遇到老公或婆婆过生日之类的事情，她坚持用自己赚来的钱为他们买礼物，说是这样才显得有诚意。

婚后一年，她怀孕，老公劝她安心养胎，别再开网店了，她却挺着大肚子，每天照样接单发货，从不懈怠，她准备婴儿用品时，从睡袋到摇篮，全都用自己的钱买名牌产品，她底气十足地表示，送给孩子的礼物不能将就。

生完女儿之后，小明也没有闲着，孩子才几个月大，她就抱着她坐飞机，到一座海滨城市去参加产品展销会，带着满满的收获归来；小明从小就喜欢绘画，业余一直参加绘画班的学习，时常抱着孩子去上课，家里床单、被罩及沙发垫上面的图案，全部由她亲自手绘，每一件都别具匠心。

这个赚得了钱、抱得了娃又有生活情趣的女人，时常在朋友圈晒自己的近况，不知惹来了多少人的羡慕。

我曾问小明："明明依靠男人就可以过上好日子，你还这么拼命赚钱，不累吗？"

她嘿嘿一笑："我从来不觉得累呀。因为，嫁给有钱的男人是一回事，自己有没有钱，又是另一回事。现在的我，喜欢依靠孩子他爸的时候就去依靠他，喜欢依靠自己的时候就依靠自己，不是很好吗？"

口袋里有钱，心中不慌，让小明举手投足之间都那么自信，原本姿色平平的她，活得那么明媚。

女人要有钱，而且拥有自己赚来的钱，才是最好的化妆品。

张爱玲说："明知道天要下雨就该带把伞，明知道不会有结果就请别开始。"

每一个向往爱情的人，都不希望两个人的世界里会下雨，更没有办法预测一段感情最后的结果。我们并不能因此就退缩，相信爱情，心怀憧憬地往前奔，总是没错的。

那么，在开始一段感情之前，至少为自己准备一把雨伞吧。

世界很粗糙，岁月也不温柔。

万一有一天，爱情不再甜蜜，婚姻忽然变成了伤人的利器，你至少不会孤单地流落街头，或者只能在路边摊上喝酒买醉，一张银行卡在手，你可以第一时间用一张小小的飞机票把自己送到一座陌生的城市，找一家舒适的酒店，在一个与他没有任何瓜葛的地方疗伤。

钱留不住爱情，也没有办法挽回对方想要离开的心，但是能够决定你离去的姿势。

女人能不能自己赚钱，决定能否过不一样的人生。

不管你姿色平平,还是貌美如花,都要为自己准备一把伞,它的名字就叫"经济独立"。行走在婚姻生活里,我们当然不希望下雨,但也绝不会害怕下雨。

因为,我们早已经未雨绸缪,口袋里有自己赚来的钱,就等于手中有伞,这才是婚姻最好的救命稻草。

Chapter 3

生活没有如果，

只有后果和结果

Chapter 3

人生不是凭空想出来的，
你有那么多的如果，
却舍不得付出行动，
凭什么还想要更好的人生？

01 生活没有如果,只有结果和后果

前几天,我在楼下的理发店做头发,老板姓罗,三十岁出头的样子,平时是个很热情的人,这一天不知怎么了,一副无精打采的样子,连我这样的老顾客也懒得招呼。我笑着提醒他:"我等会儿要参加聚会,你这样心不在焉,是要把我的头发做坏吗?"

小罗苦笑了一下,抖起精神说:"都是聚会惹的祸!"

原来,他最开始拜师学习理发时,认识了另一个同样当学徒的男孩,两个人非常谈得来,相约将来一起走出去,至少也要到省城去创业。

两年之后,他们真的结伴来到省城,合伙开了一家理发店,异地创业哪有那么容易,最开始的半年,几乎没有什么顾客上门,赚不到钱,房租等各种费用却一笔也不能少,最穷的时候,他们曾经连续一星期只吃方便面。

后来,小罗有了打退堂鼓的想法,他说,凭自己的手艺,如果

回到家乡创业，哪里用得着这样遭罪，生病了没有人照顾，伤心了只能忍着，走在大街上没有一张熟悉的面孔。还是回去更好，那里至少有家人，有熟悉的朋友，即使发不了大财，但也绝不至于沦落到只能吃方便面的地步。

于是，小罗回来了，在家人的资助之下，有了现在这间理发店，生意并不是多么火爆，却足以解决一家三口的衣食问题，倒也自得其乐。就在昨天，当年一起合作的朋友回来了，约小罗出去见面，一顿饭吃下来，小罗的自我满足感全部被粉碎了：

当年，小罗离开之后，朋友继续坚守，断断续续又啃了半年多的方便面，生意仍然不景气，他干脆关掉店铺，重新拜名师学艺，最开始要交学费，后来剪一次头发可以分得三五元，再后来他的薪水仅次于大师傅，到最后又重新出来开店，这期间他整整花费了五年的时间。

如今，朋友在省城拥有两家分店，早已经买房买车。小罗讲完朋友的故事，叹息着说："如果当年我不回来，现在一定混得比他还光鲜呢！"我笑着打趣道："人家可是啃了半年多的方便面啊，你才啃了一个星期就当逃兵，怪谁？"

当年，我的闺蜜小枝曾喜欢一个男孩。他们在同一家公司上班，男孩个头不高，浓眉大眼，工作能力强，待人接物也十分得体，深得主管赏识。

彼时,小枝喜欢这个男孩,这个男孩也对她表示了好感。两人时常在下班之后,一起绕着公园的湖边散步,永远都有说不完的话题。就在他们的感情渐渐升温时,小枝的母亲对这段感情表示强烈反对,因为男孩的老家在农村,城里没有房子。

"这个小伙子不错,如果他有房子,我一定不会阻拦你们恋爱。"母亲对小枝说。

"没有房子怎么了?将来,我可以跟他一起奋斗,早晚会有的。"小枝倔强地说。

"说得可真轻巧,你倒是看看,小丽现在过的是什么日子!"母亲的提醒,让小枝一下沉默了。小丽是她邻居家的女孩,当年也是不顾家人反对,嫁给了一个没有房子的小伙子,如今孩子都五岁了,一家三口还挤在娘家的房子里,从前那么爱打扮的小丽,现在每天风雨无阻去夜市卖小食品,看起来比同龄人苍老许多,连一件稍微好点的衣服也舍不得买,因为要攒钱买房子……

小枝最终选择放弃这段感情,也离开了那家公司。她嫁给了一个有房子的人,只不过这个人对她来说并不是那么如意。

小枝再次遇到初恋情人,是因为要到一个高档的住宅小区去办事,正巧遇到他从楼上下来,身边跟着爱人和孩子,还有一只小狗,显然是要去散步。

当天晚上,小枝带着几分醋意给我打电话:"他老婆长得很一般嘛,如果当年不是我主动放弃,哪里有她什么事儿……"可惜啊，男女之间的缘分，错过一时就是一世，你要的如果太多，注定没有结果。

有一天，我在朋友圈里看到有朋友发了两张照片：

第一张拍摄于二十年前中学毕业时，住在同一间宿舍里的八个姐妹，手挽着手站在校园的草地上，个个容光焕发，都是青春无敌的模样。

第二张拍摄于二十年之后的现在，八个姐妹相约，重新回到当年的校园，还是那片草地，还是当年拍照时的位置和顺序，大家再次一起集体出镜时，每个人的脸上都或多或少带了一些沧桑，只是程度不同而已。

在这两张照片里，主人重点标出了一个人的脸，感慨万千地说：凭什么啊，她显得最年轻最苗条！仔细看那张脸，岂止是年轻，更重要的是充满了活力，似乎岁月并没有在她脸上留下什么痕迹！

我忍不住在照片下面评论：她的生活一定过得十分安逸吧？

朋友回复：才不是呢！

原来，她们当年都是极好的姐妹，每天坚持一起跑步半个小时。离开校园之后，别人都渐渐放弃了这样的坚持，只有她，风雨无阻地跑了二十年，就在参加聚会的当天，还特意早起了半个小时，跑完步才去赶车，真正做到了生命不息，跑步不止。

她的人生并非一帆风顺,最开始是夫妻双双下岗,后来是她自己又患了胃癌,在人生最不好的时候,她仍然坚持跑步。她说,跑步能让人忘记烦恼,重新鼓起面对困难的勇气。如今,她的生活终于走出了低谷,而她顽强与病魔抗争、坚持跑步二十多年的故事,被电视台报道之后,她竟然在当地走红,很多人追着跟她一起跑。于是,小城的早晨多了一道特殊的风景,那就是一支由两百多人组成的晨跑队伍,领头人就是她!

再来看我这位朋友,因为喜欢打麻将,久坐不动让她的体重比当年增加了不少,刚刚四十岁的人,上下楼梯都气喘吁吁,她不由得发出这样的感慨:"如果我像她一样坚持跑步,就不至于把身体弄得这么糟了……"

当年都年少,说好了一起跑步,她多跑一天,你少跑一天,看不出什么变化。天长日久之后,彼此从容貌到精神状态的差距,却越来越大,这就是放弃与坚持的区别。

日常生活中,在我们身边,总能听到很多人这样感叹:

如果我当年坚持下去,今天事业一定发达了;

如果我当初嫁给了那个人,婚姻的质量一定不会这么差;

如果我早点听老师的话,说不定也能考入名牌大学……

人生没有回头路,你有那么多的如果,却舍不得付出行动,凭什么还想要结果?

现在,假如你有很多的人生计划,却继续"如果"下去,将会错失更多的机会,等到真的年老体弱走不动的那一天,也只能依靠无数个"如果"支撑回忆,那才是最坏的结果。

02　你当年没说的那句话，这辈子都不用说了

几年前，我通过网络认识一个叫叶子的女孩，她在上大学时曾经喜欢一个男孩，男孩正好也喜欢她，彼此很早就表白了。

但是，也许是因为他们的老家相距太远，未来各自发展的方向不明确，又看过了太多校园情侣毕业就分手的故事，男孩对叶子一直保持小心翼翼的态度，想爱，又不敢太爱。

结果，他们虽然在谈恋爱，大多数时候，却是各忙各的，从来不像别的情侣那样，整天腻在一起。大学四年的生活下来，就连一起逛街和吃饭的次数，都屈指可数。

当毕业季来临，两个人虽然心中也有些不舍，但最终还是选择各自回故乡去发展。

叶子在老家找了一份还算不错的工作，然后也在家人的安排下相亲，在此后五年的时间里，她完成了结婚生子的人生重大任务。

有一天，从毕业那年就不再有联系的前男友，忽然打来了电话，他显然是喝醉了酒，反复哭着说自己有多么后悔，分别之后其实一直没有忘记她。当年，如果再多一点儿勇气，两个人选择在同一座城市奋斗，结局就会完全不同……

"别再说当年了。那时，其实你只要有一句挽留的话，我一定会选择陪你一起打拼。时过境迁，现在再说这些，还有什么意义呢？"叶子冷静地说。

此后，前男友听不进叶子的劝说，反复打电话来，甚至屡次在微信上表白悔恨的心情，叶子无奈，只好把他拉入了黑名单。她叹息着对我说："这样的纠缠，让当年留下的那点美好印象，已经荡然无存……"

在本来可以相爱的时候畏畏缩缩，时机过了，再动人的表白，都变成了令人添堵的话。

赵薇拍的电影《致我们终将逝去的青春》，里面有这样一句台词："青春，就是用来怀念的。"

看似简单的几个字，不知引起了多少人的共鸣。是啊，谁的青春不曾刻骨铭心地爱过一个人呢？但青春终将会逝去，人生继续，当年没说出的爱，以后也不必再说了。

我之前的同事小敏，前几天去参加同学聚会，隔了二十年的光阴，以为她会玩得很尽兴，没想到聚会刚结束，她就给我打来电话，哭得稀里哗啦。

原来，当年在学校，小敏和一个男孩彼此喜欢，只是两个人都不敢表白。

小敏童年时患过一场大病，导致左耳失去了听力，她不喜欢戴助听器，于是跟人说话时，总要侧过右脸，只有熟悉她的人，才明白其中的秘密。

小敏长得漂亮，家里也有钱，她习惯了换季就去商场买买买。很少有人知道，衣着光鲜的她，内心一直因为左耳失聪而自卑，在喜欢的男孩面前，她尤其紧张，担心对方会介意自己的缺陷。

而那个男孩，学习不错，长得也挺帅，因为家庭条件比较差，他在小敏面前也有些自卑：自己节省一个月的生活费，都不够她出去玩一趟。还有，他连她身上那些衣服的品牌名字都叫不上来……

她会不会嫌弃自己穷呢？他内心忐忑，只能用自己的方式表达好感：在她来不及吃早餐时，送上一份面包和牛奶；节约了很多天的伙食费，陪她去看一场心仪已久的音乐会。

他们走得越来越近，却还是没敢说出"我爱你"三个字。小敏以为，这样顺其自然也好，反正两个人早晚都会在一起。

直到那天，一个家里比较有钱的同学过生日，请大家吃海鲜大餐。大螃蟹上桌时，距离男孩比较远，小敏急忙替他夹了一只，笑着问："这么大的螃蟹，你肯定没吃过吧？"不料，男孩听了，脸色一变，淡淡地说："我没吃过，也不喜欢吃。"

那次聚餐之后，男孩开始躲避小敏。小敏当时也很生气："我抢着为他夹螃蟹，做错了什么？大约，他还是嫌弃我的听力吧？"两个人就这样僵持着，谁也不肯低头，一直到毕业都没有再说话，然后就各自天涯。

多年之后的这次同学聚会，两人第一次相逢，在送小敏回家时，他忽然拿出一枚银戒指，笑着说："当年，我跑了好几家首饰店，才买到这枚带有百合花图案的戒指。因为那时你说，最喜欢百合花，可惜没等到合适的机会把它送给你，我们就互不理睬了，这枚戒指一直藏在我的口袋里，每次在校园里相遇，我都想拿给你，最终还是没有勇气。那时，我真的太穷了，确实连螃蟹都没有吃过……"

小敏急忙说："我何时嫌弃过你？当时，我不过是急于让你品尝到海鲜，随口那样问一句罢了。后来，你不理我，我还以为你嫌弃我的听力有问题呢！"

他也急忙说："你美丽又聪明，听力有点问题算得了什么，在你面前，我只有自卑，哪里曾有过一丁点儿的嫌弃？"

……

小敏的故事讲完了。

我问她："你哭得这么伤心，是后悔了吗？"她却说："不，我现在生活得很好，有什么可后悔的呢？"她苦笑着补充道，"让我难过的只是当年那样深的误会伤害了彼此，如果我们早点相爱，最后虽然不一定能走到一起，至少当时不会活得那么纠结、忐忑，白白辜负了一段美好的情愫。"

最后，小敏留下了那枚银戒指，两个人在午夜的街头告别，彼此都没有开口要对方的联系方式。她说，这枚戒指的故事，将来会讲给女儿听，仅此而已。

当年没有早点儿相爱，今后的人生也不必再有交集，对于那段无处安放的青春来说，这已经是最好的结局。

生命中，因为这样或那样的原因，我们总难免会留下遗憾，有些人，有些情，错过了，就永远放下，不必再纠结，应该好好地活在当下。

想起我的闺蜜莫莫，她生性腼腆，参加工作不久，就在公司遇到一个心仪的男孩，每天晚上默念着他的名字入眠，白天上班时，却连多看他一眼的勇气都没有。

有一天，公司组织培训，莫莫迟到了，她正发愁找不到座位时，那个男孩小声对她示意："这里还有座位。"

莫莫瞬间心跳加速，竟然鬼使神差地摇摇头，转身和一个女同事挤在一起，擦身而过的瞬间，她看到男孩的神情有几分尴尬。

过了一会儿，另一个同样迟到的女孩，坐到了男孩身边，她在培训的间隙，不时和他低头笑谈，坐在后排的莫莫，心里像针扎一样难受。

后来，男孩跟那个女孩走到了一起。

一年之后，他们宣布婚期时，办公室的一位老大姐笑着对莫莫说："你刚来上班时，他多次悄悄打听你的情况。还记得有一次培训，他看到座位不多，抢先多占了一个，只要有人走过来，就告诉人家，莫莫坐这里。谁知你竟然不肯领情，直接把人家这番心意忽略掉了，他白喜欢了你一场，可惜你不喜欢他……"

莫莫"呵呵"地笑着，眼睛里却渐渐泛起一层雾气，她悄悄躲进卫生间，无声地哭了很久。从小到大，莫莫一直受母亲的教导：女孩子要懂得自尊自爱，就算喜欢一个男孩也不能流露出来，就算他抢先对你表示好感，也不能痛快地答应。因为女孩越矜持，将来在对方眼里的身价越高。

可怜的莫莫，被这样的教育观直接害惨了。直到现在，她都没有能从这件事的阴影中走出来。

有一次，莫莫跟我闲聊，回想起往事，她叹息着说："那时，我真傻，眼睁睁看着喜欢的男孩跟别人恋爱，我却只能成为他的陌路人。如果我当时充满自信，大胆走近他，也许人生就是另一个版本了。"

作家桐华在《长相思》里写下这样的一句话：最好的年华，总在不懂得珍惜前就已消逝；最深爱的人，却在来不及用心前悄然远离。在等待中错过，在失去时追悔，却不知失去的便不再有，错过的就再也无法找回。

我们从小到大,都被父母和老师教导要怎么样做个乖孩子、好学生,唯独没有人教我们如何好好谈一场恋爱。

于是,成年之后的我们,有太多人错过了相爱的最好时机:

当初考虑太多,错过了一个很好的人。

那时不敢表白,直到他和别人在一起时,后悔已经晚了。

曾经暗恋了那么久的他,终于向我表白了,可是我的身边已经有了另一个他。

那时太矜持,心里分明喜欢得不得了,表面却不敢答应,直到他失望地离开。

……

人生太短,会爱的人太少。在最好的年华里,遇到一个人,你喜欢他,他正巧也喜欢你,那就早点开始相爱吧,你的选择将改写人生故事的结局,无论最终成就的是一段佳话,还是只能黯然分手,起码你爱过了,青春不会有那么多的遗憾。

不要等到人生已成定局时,才在辗转难眠的夜里,留下深深的叹息。

那时,滚滚红尘中的你,要么是失去了爱的能力,要么是已经失去了爱的资格。

所以,像这样"如果我们早点相爱就好了"的表白,只适合成为电影中的一句台词,最好不要在现实中上演。

电影可以重拍,能有许多不同的版本,人生却不能,错过了,就是永远。

所以,你当年未说出口的那句话,这辈子都不用再说了。

好的爱情应该是这样的:

如若相爱,一定要趁早,彼此珍惜;如果错过,便护她安好,绝不纠缠。

03　爱情很贵，别再为谁犯贱

有一天下班去小区门口取快递，看到一个衣着很时尚的女孩，对着楼上的某个窗户大声喊："我知道你在家，你开开门，我就跟你说一句话！"话音刚落，楼上的窗户"砰"的一声关上了。

"浑蛋，王八蛋！开门！你不出来，我就死给你看！"女孩说着，用力地踢着墙，脸上全是泪水，看到有人围观，她又跳着脚骂，"看什么看，没见过别人谈恋爱啊，滚！"接着，又转过头对着楼上歇斯底里地大喊，"我爱你，死了都要爱！求求你了，快开门吧！"

"真贱啊。"有人小声叹息。我也摇摇头离开了。

不由得想起我家楼下，那对卖烧烤的小情侣。他们每天下午都来，女孩长得挺清秀，只是手臂和脚踝处都有文身，她总是不停地忙，铁架上的肉串，滋滋地冒着烟。

她拿着扇子不停地扇风，还会时不时回过头去，招呼一直懒洋洋坐在旁边的男友："你饿不饿，要不要我去买冰水？""我的背包里有零食，你拿着吃啊。"

有时，她自己大汗淋漓顾不得擦，反倒腾出一只手去，帮男友擦汗，他却一脸嫌恶地躲开，从头到尾几乎不说话，一心一意玩手机，他的身上，有着很多花纹复杂的文身，看着都瘆人。

一天，我下楼散步，看到只有女孩一个人出摊，因为天气不好，没有几个顾客，她就跟我闲聊起来。说到男友，她一反平时的干练，有点儿害羞地说，他们上中学时是同学，那时，她是个爱学习的乖乖女，他却总是喜欢打架，是班里一帮男孩子当中的老大，每天进进出出都很威风。

谁也没料到，这样一个问题男生，有一天却对她展开了攻势。她吓坏了，各种躲和拒绝，要好的姐妹甚至帮忙助阵一起羞辱他。

他却铁了心，每天上学时，坚持不远不近地跟在后面，当她的护花使者，坚持往她的书包里塞零食，他甚至会低下头替她系鞋带，她被感动了。从此无心学习，早早辍了学，一心一意跟着他，就连身上那些文身也是为了他才弄的。

女孩没想到的是，两个人真的在一起了，他反而对她越来越不在乎。五年了，两个人的衣服，永远都是她一个人洗，两个人的生活费，基本上也都是她一个人在赚。

不管在外面干活儿多累，回到出租屋还要给他做饭，就这样仍然感动不了他，挡不住他时不时找别人玩暧昧，就像今天，她明明知道，他说要回一趟家，其实是约了另一个女孩去玩，但是他不说破，她就假装不知道，反而买了一堆好吃的让他带走。

"我知道自己爱得低三下四，谁让我已经离不开他了呢！"女孩叹息着，没等我说些什么，又去忙着招呼顾客了。

分明是爱上了一个不应该爱的人，却仍然选择继续，这样的坚持有什么意义，只会让自己活得更累，我不由得替这个女孩感到惋惜，真想大声告诉她："不该爱的人就别爱了，不该犯的贱就别犯了。"

我认识的另一个女孩，一直暗恋自己的男同事。说是暗恋，其实不过是没有开口说出"我爱你"三个字而已。她对他的深情全都写在脸上，谁都看得出来，只有他假装糊涂而已。

在得知他开始和另一个女孩谈恋爱时，她咬咬牙选择跳槽到别的公司，因为害怕自己会忍不住在他面前落泪，打扰了他的幸福。

那天，她还在加班，忽然接到他的一条短信："忙吗？"她立刻回复："不忙啊，怎么了？"他的电话随即打了过来，显然是带了几分醉意，没头没脑地跟她探讨人生，滔滔不绝地说了两个小时才挂机。

她激动得不得了,而事后才知道,那天晚上他女朋友和他分手了。

仿佛又重新看到了希望,她开始每天下班后跑到原来的公司附近,为此,她总是特意花半个小时化妆,做好精致的头发,再坐一个多小时的地铁,一个人无聊地在商场里来来回回地逛,逛累了就坐下来刷手机追电视剧,不敢那么早吃饭,万一他约她一起吃呢?

不敢太早回家,万一他今天不加班,主动找她呢?她只希望在他想起她的时候,能够第一时间出现。

偶尔有那么一两次,他真的会出来找她,无非是工作中又遇到小人使坏之类的琐事,向她大倒苦水和各种抱怨,而她想尽办法安慰他,抢着买单,也为有这样一个接近他的机会激动不已。

更多的时候,他分明知道她在等,却连电话也懒得打,她从下午六点等到晚上九点,好不容易才等到一条信息:刚加完班,要跟同事们一起去聚餐,放松一下,不好意思啊。

她默默地在路边摊吃一碗冷面,坐最后一班地铁回去,心里满满的都是泪,发誓以后再也不能这样傻。第二天接到他的电话,仍然会一路小跑着去打车,恨不得秒飞到他的身边。

有一天,她发高烧,正在医院打点滴,他在加班时丢过来一条信息,说是肚子饿了,好怀念老街的小笼包,她第一时间冲出医院,因为下大雨不容易打车,她折腾了一个多小时,终于把热腾腾的小笼包送到了他的办公室。

他惊喜地说："真的有小笼包吃啊，太好了！"飞快地拿了一个，递给坐在旁边一起加班的女孩说，"你快尝尝，别烫着呀。"语气温柔到仿佛要滴出蜜来。

她不知道，他是什么时候开始了这段办公室恋情，她只知道，自己本来就发着高烧，为了给他买包子，那么晚了还饿着肚子奔波，身上的衣服全都湿透了，连鞋子里都灌满了水，走路时发出难听的吱吱声，而他，无视这一切，连一句问候的话也没有。

直到这时，她才明白，就算自己再贱，低到比尘埃还低的地方又能怎么样，他不爱她，她什么样子他都无所谓。

她再也没有在他的视线里出现过。

对于不爱的人，你献再多的殷勤也没有用。停止犯贱，才是对自己最大的尊重。

再来说说一个邻家女孩的故事。她到某城市去打工时，认识了同样漂泊在外的他，两个人一直相处得很好。年底时，他主动提出："跟我一起回家过年吧！"她答应了，高高兴兴地准备了一大堆礼物一起出发了。

没想到，他的母亲看到她，脸色冷冷的，虽然烧了一大桌子菜，由于气氛太冷，大家都吃得索然无味。到了晚上休息时，母亲干脆对儿子下令："把她送到宾馆里去，你早点回来。"

那可是大年三十的晚上啊，外面到处都是喜庆的鞭炮声，她哭着求他:"不要把我一个人丢在这里,你陪我啊。"他也哭了,却还是抹着眼泪说:"不行啊,我妈会不高兴的。"

接下来,母亲把他的行程安排得满满的,今天去探望姑姑,明天去外婆家,就是没有时间陪她。她追着问为什么,他支支吾吾地说:"我妈说你个子太矮了!你给我时间,慢慢说服她。"直到这时,她才知道,传说中的"妈宝男",让她遇到了。

更惨的还在后面,春节过完,母亲不许他外出打工,重新为他找了一份工作。她咬咬牙,也跟着留了下来,在他家附近租了房子,他却被母亲看得很紧,几乎没有时间来找她,总是说害怕老人不高兴。

她开始三番五次往他的家里跑,每次都拎着绞尽脑汁挑选的礼物,去了就帮着洗碗、拖地、洗衣服。

有一次,她又去了,他不在家,她像往常那样卖力地干活时,他的母亲冷冷地说:"你越是这样犯贱,我越是瞧不起你,我儿子非常优秀,而你不仅仅是个子矮,你哪儿都配不上他。有我在,你就甭想嫁给他!"

以为只要付出真心,石头也会被焐热,没想到兜头浇来这样一瓢冷水,她哭着跑出去,站在冷风里给他打电话。他支支吾吾地说:"我妈说话就是这样啊,你忍一忍,将来就会好了……"

她当然没再忍下去。他这样的"妈宝男",就像父母手中的提线木偶,不懂得如何担当,也不会呵护自己的爱人。你这里愿意放下所有的骄傲和自尊去爱他,他只要一句"我妈不高兴",就会让你全盘皆输。

继续犯贱忍下去,输掉的不仅是爱情,还有漫长的一生。

对于我们短暂的人生来说,没有爱情,就像春天没有花一样,黯然失色。

亦舒曾这样说过:"关于爱情,人必自爱才能爱人,为别人改变自己是最不划算的事情。"因为,到头来你很可能会发现,你一次次将就对方,只会让委屈的情绪慢慢积累,最后你几乎要为此发疯了,而人家对你的牺牲不一定领情。

爱情很贵,别再为谁犯贱了。因为,一个男人爱不爱你,不用看别的,看他对你的态度就可以知道。

一个真正爱你的人,虽然不必时时把你捧在高处,却总是把你放在心里最柔软的位置,舍不得对你态度粗暴,更不会总是勉强去敷衍你,甚至只是把你当成收纳坏情绪的垃圾桶,自己保持高高在上的姿态,对你招之即来、挥之即去。

而你一味地付出、百般委屈自己去取悦对方,换回的往往不是美好,而是他对你的不屑。

真正属于你的爱情,不会让你感到如此痛苦,你和他在一起会觉得身心愉悦,而不是时刻处于高度焦虑的状态,患得患失。

爱得辛苦,是对自己的一种强求。远离不值得爱的人,总有一天，他会因为丢掉了你的爱，后悔自己没有福气。

一个真正爱你的人，会把你当成手心里的宝，哪里会舍得让你难过，反而会想尽办法来温暖你，暖到你一心想嫁给他，嫁得心甘情愿。

或许，每个人爱情故事的版本不同，但所有美好的爱情都是心甘情愿的，他们会彼此将就，而不是谁单方面的犯贱，这才是最合适的爱情。

04　你不爱我了，我还剩下什么？

林小莫离婚了？

林小莫离婚了！

最近，关于林小莫的事情，一度成为老朋友们之间热议的话题。说起来，我跟林小莫是在一次旅途中认识的，她属于跟谁都自来熟的性格，我们坐在相邻的位置上，不过三分钟，她就把自己的故事讲了一遍：

她是家中独女，大学毕业不久，就遇到又帅又有钱的老公，两个人结婚八年，有一个女儿，老公的生意做得很大，房产多得数不过来，她不需要上班，每天喜欢打打麻将，经常旅游散心……

林小莫个子高挑，皮肤白皙，五官精致，算得上一个出众的美人儿，怪不得她能嫁得那么好。这几乎是她给所有人留下的印象。她也得意于自己嫁了有钱的老公，全身上下都是名牌，时常请大家聚会，一起吃喝玩乐，很潇洒。

所以，听说林小莫离婚，而且是她主动提出离婚，大家都惊讶得不得了，她怎么会舍得离开那么有钱的老公？

据说，有那么一天，当林小莫又一次半夜打麻将归来，开车路过某小区时，正巧看到老公正送一位美女回家，两个人依依不舍、神情暧昧。

小莫当即冲过去给了美女一个耳光，又对老公狠狠地丢下一句话："我要跟你离婚！"

事后，老公向她解释，那个美女是自己的一个大客户，当天喝多了酒，他送她回家，仅此而已。林小莫哪里肯相信，她恨不得对全世界宣布："我，林小莫，是个眼里容不得沙子的女人！"

林小莫潇洒地跟老公签了离婚协议书，转身却傻了眼：那些平时跟她好到恨不得连衣服都一起分享的好姐妹，忽然都跟她生疏起来，就连她想打一场麻将，她们都一个个百般托词，避而不见。

从前，她们之所以和林小莫在一起，不过是因为她们的老公和林小莫的老公在一个圈子里，她离开了他，自然也同时失去了她们的友谊。

至于那几个总是向她献殷勤的小帅哥，更是一个个逃得远远的：他们从前围着她转，因为她是一个漂亮的女人，更因为跟着她永远有免费的吃喝玩乐。

你不爱我有什么关系，想要爱我的人多得是！

林小莫仗着美貌如花，以为转身就可以轻松地再捞一个又帅又有钱的老公,她忘了岁月无情,自己怎么也是近四十岁的人了,就算又帅又有钱的男人多的是,但是年轻漂亮、青春可人的姑娘们也一样多的是,人家凭什么选择她?

林小莫在悔恨之余,不得不面对一个残酷的事实:

对于之前从来不懂得独立的她来说,没有了男人的爱,也就意味着不再拥有男人的钱,她已经变得两手空空,一无所有。这时的她,除了必须赶紧自立,别无选择。

有一个名叫鲍国的歌手,曾经在一首《爱到忘了自己》里面唱道:"亲爱的你,现在在哪里?你可知道我一直在等你?亲爱的你,现在在哪里?你可知道我真的好想你……"

同事米粒,跟我们一起出去聚餐,或许是因为多喝了几杯酒,偶然听到这首歌,竟然悄悄落下了眼泪。

当天晚上,大家相继散去之后,她拉着我的手,绕着老城区的街道来回走,哭着说:"你知道吗?那首歌的歌词,曾经是我生活的真实写照啊。"

米粒来公司不过一年,业务能力数一数二,二十八岁的她长得很漂亮,神情里总带着几分冷傲,永远都独来独往,对于她的私人生活,传言很多。我跟她在同一个办公室,从来不追问她的私事,在工作方面尽可能多照顾她,也许这才是她选择向我敞开心扉的原因吧。

米粒告诉我,在她很小的时候,父亲便去世了,跟着没有固定工作的母亲颠沛流离，时常连基本的温饱问题都解决不了。她断断续续地读书，勉强上到高中毕业，而母亲微薄的收入不足以支撑她上大学，她毫无怨言地收起梦想，默默地去打工。

那时的她，感觉自己像一只受伤的小猫，渴望一个温暖的怀抱和一个能遮风挡雨的家。

后来，她遇到那个名叫钟永林的男子。他温暖而干净的笑容，让她想起在网络中流传的一段话："我一生渴望被人收藏，妥善安放，细心保存。免我惊，免我苦，免我四下流离，免我无枝可依。"

米粒以为，他就是命中注定，上天派来保护她的那个人。于是，她辞了工作，被他像小鸟一样养在金丝笼中，不需要辛苦打工，不用再受人白眼，她需要做的只有一件事：把自己打扮漂亮，等他。

这样的等，也许是一天、两天，也许是十天半个月，根本没有规律。因为，他一天到晚都在忙，他不仅是一家房产公司的老总，而且早就是别人的丈夫和父亲。

那时，她每天给他发无数次短信：

"亲爱的，你在哪里？我想你，我在等你，你来看看我好吗？"

最开始，他喜欢这样的撒娇，渐渐却也烦了。

有一天，他干脆直接对她怒吼："一天到晚，就知道发这些无聊的垃圾短信……"

那一刻，她忽然感觉自己满腔的热情，被他瞬间浇灭：

他不耐烦的语气,分明预示着,用不了多久,她就将被他抛弃,像丢掉无用的垃圾一样。转身之后,他仍然有自己的事业,有老婆和孩子,更不缺少愿意像她一样投怀送抱的美女,而她,除了这副虚耗了几年青春的躯壳,还剩下什么?

她不动声色地收拾行李,离开了那幢舒适却没有温度的房子,开始了一边打工一边学习充电的生活,三年的时间过去,她的工作越换越好,收入自然也越来越高。

米粒讲完了自己的故事,她说:"一个女人如果不独立、不自爱,哪里会有什么男人会收藏你?青春美貌不过一时,当他不爱你了,最后还是免不了落得无依无靠的下场。"

现在的米粒,努力工作之余,热爱美食和旅游,相信爱情但不强求,就算那个人一直遇不到,她早已不慌张。

有人说,一辈子很短,遇到爱的人,一定要全身心投入。

我的闺蜜落落,就是一个对爱情特别执着的人。

她在陷入热恋没多久,时常对我感叹:她和男友的状态,常常不在同一个频道上,他不够爱我吗?

比如,两个人第一次拥吻之后,落落激动地写了满满两页日记,她用手机拍了照片发到他的微信上,以为他会秒回。不料,足足过了一个多小时,他才匆匆打来电话,说是自己期待了好久的一场电影终于上映了,所以没留神看手机。

比如,她自从跟他在一起,恨不得分分秒秒相随,为了享受私密的二人世界，渐渐疏远了原来的老朋友。他却在和她约会之余，照样抽出时间跟哥们儿一起聚会聊天，没有因为恋爱退出任何小圈子。

她谈恋爱之后，对工作有点儿心不在焉，时常人在办公室，心早就跑远了，因为业绩下滑，她甚至错失了晋升的机会。他却相反，一直继续用心地工作，多次在公司的业务比赛中取得好成绩。

有一天，喜欢读书的落落偶然读到了毛姆在《月亮和六便士》里的一段话："爱情在男人身上只不过是一个插曲，是日常生活中许多事务中的一件事……对于坠入情网的人来说，男人同女人的区别是：女人能够整天整夜地谈恋爱，而男人却只能有时有晌地干这种事。"

回想恋爱以来的种种纠结，落落忽然明白，原来很多时候，男人和女人真是不在同一个频道。自己这样全身心地爱他，万一有一天，他不爱我了，他还有自己的爱好，有自己的朋友，有出色的工作业绩，我还剩下什么？

这样一想，落落吓出了一身冷汗。她在深深地反思之后，不再纠结对方爱得够不够深，重新做回了谈恋爱之前的自己：用心地完成本职工作，保持养花、读书的业余爱好，有自己单独的朋友圈。

她没想到的是，自己不再时时黏着他，他反而有些失落，甚至肉麻兮兮地说："我想变成你手里的一本书……"

如今，落落结婚两年了，有一个可爱的儿子，学会保持独立，让他们夫妻恩爱如初，幸福满满。

沈从文在给妻子的家书中写道：

"我走过许多地方的路，行过许多地方的桥，看过许多次的云，喝过许多种的酒，却只爱过一个正当最好年龄的人。"

愿得一人心，白首不相离，这样温暖而美好的爱情，又有谁会不向往呢？

可惜，世事难料，现实生活中，总有很多男女，因为这样或那样的原因，人生初见时，以为来日方长，却终究没能相伴走到白发苍苍。

于是，"当你不爱我了，我还剩下什么"也就成了许多人在分手之后无法回避的沉重话题。

与其等到那时徒劳地懊悔和流泪，不如未雨绸缪，不管爱得多么疯狂，也要留几分清醒，用来保持经济和思想的独立。世间没有任何人，可以保证一辈子爱你。选择靠自己，比选择靠任何人都可靠得多。

那么，假如有一天，你不爱我了，世界并不会因此而塌陷，我更不会卑微地去求你留下来。我当然会难过很多天，也会偷偷流泪，但绝不会恐慌。因为我思想独立、经济独立，未来的日子绝不会委屈自己，自然有重新再爱一场的能力。

你离开之后，我只需要努力活得出色，不难遇到真正爱我也值得我去深爱的男人。

你不爱我了，我还有自己的爱好、梦想、工作和朋友圈，并不会比从前活得多差。原本我也从来没想过要把自己一生的幸运都交给你。

女人只有活得独立，才有可能在男人面前神采奕奕、风情万种。

05 不用等了,现在就可以拥有诗和远方

前些天,朋友圈里疯传一组美轮美奂的西藏风景照片,这组被称为"美翻了"的照片拍摄者,是一对"80后"夫妻,他们用一年多的时间行走于中国大地,寻找心目中最美的风景。

最开始,我也跟许多人一样,无比羡慕这对小夫妻的生活,他们追寻的,正是多数人渴望的"诗和远方"啊。

后来,了解到他们的真实情况,我不由得大吃一惊:

他们不是寻常的夫妻。他是一个普通工人,妻子却是一个渐冻症患者。因为病情的发展,她正在渐渐失去行走的能力,只能依靠轮椅度日。

有一天,她对下班归来的丈夫感慨:"真想去看看外面的世界!"妻子每天窝在家里,面对的只有四面墙壁,内心无比寂寞无助。丈夫想到这里,当即做出一个大胆的决定,带妻子去旅行,走遍全中国最美的地方。

他们的交通工具是一辆最普通的三轮车,手里又没有多少积蓄,走到一个地方没有钱了,就停下来打工。为了赚到钱,他什么苦活儿累活儿都肯干,妻子看到美景时开心的笑容,会让他忘记所有的疲惫……

结果,就是这样一对既没有钱、还要时时跟病魔抗争的夫妻,在克服种种困难之后,一次次看到了许多人向往了很久,却往往因为各种原因而欣赏不到的风景。

他们的生活里,除了"诗和远方",更多的是为赚取旅费、药费而付出的汗水和艰辛,他们能走得那么远,又走得那么久,凭借的是一颗强大的心。

诗和远方,都那么美好,谁能不向往?

现实生活中,往往有许多人只羡慕别人光彩的一面,却忽视了生活还有它残酷的一面。

那天,我打开电视看一档情感类节目,一位年近八旬的老教授上场,白发苍苍的她,满面春风,为大家朗诵诗歌,声音铿锵有力;表演舞蹈,身姿曼妙轻柔,赢得观众热烈的掌声。

教授早年从医,退休之后,在家里设了一部热线电话,很多女性在遇到情感等难题时,都会打电话向她求助,她累计已经帮助过一万多名听众。

老教授每天看书,练瑜伽,酷爱美食和漂亮的衣服,时常和几位老闺密们喝下午茶,一年总有几次惬意的旅行……

现场有一个女孩，无比羡慕地对老教授说："您的生活真好啊，充满了诗和远方！"

老教授微微摇头说："生活没有你想的那么美好。"

原来，她在五十岁时患乳腺癌，先后经历了两次手术，已经和癌症抗争了二十多年。第一次手术过后，她一度没有办法面对残缺的自己，每次洗澡时，都会躲在卫生间里哭好几个小时。

后来，她尝试着跟与自己有相同遭遇的人沟通，发现她们的情况同样糟糕透了，特别是有些年轻的女孩，患病之后往往会有轻生的念头。

为了走出抑郁，她数年如一日，读了很多心理学方面的书，然后又开始帮助比自己更绝望的人，努力将生活安排得丰富多彩，这才成为大家眼中这个光彩熠熠的老太太！

正如主持人说的那样："教授帮助了那么多绝望的患者，她们的笑容，就是最好的诗和远方。"

老教授的生活，一度充满了癌症患者的绝望，但她不屈不挠与病魔抗争，又因为自己的痛苦，想到更多人的痛苦，于是帮助了千千万万的人。原来，就算生活里没有诗和远方，爱心也可以帮你缔造奇迹。

诗和远方，是每个人心中的梦。

有些人在追梦的过程中，历经的不仅是坎坷，或许还有屈辱，只是不足为外人道罢了。

我认识一家美容院的女老板,年过四十的她,衣着时尚,妆容精致,在员工面前从来不颐指气使,跟顾客说话更是柔声柔气。有意思的是,无论她做什么,丈夫总是如影相随,全力支持。

有一次,做完美容走出来,我忍不住跟同去的朋友说:"他们真是妇唱夫随啊,多么美满幸福!"朋友摇摇头:"现实跟你想象的可不一样。"

原来,早在几年前,女老板就无意中发现,丈夫和一位年轻貌美的店员暧昧不清,没等她想好对策,两个人竟然从店里卷走一大笔钱私奔了!

当时,她被流言蜚语包围:

有人说,她自己也不是什么好人,不然怎么纵容丈夫在眼皮底下搞婚外情;有人嘲笑她活该,一个女人家不好好相夫教子,想出什么风头?

儿子哭喊着问爸爸去哪儿了,她无言以对;婆婆跑来指责她,说自己好好的儿子不见了,她是怎么当老婆的。

员工们一个个心神不定,有人想跳槽,有人请病假……

她把自己关在屋子里,哭了整整两天,发现眼泪不能解决任何问题。于是洗洗脸走出来,照常给儿子做爱心早餐,告诉他爸爸只是出了远门;不理会婆婆的讥讽、同行的嘲笑,想办法筹钱,接连做了两次大型促销活动,美容院的营业额非但没有降,反而比从前翻了倍……

半年之后,美容院升级改造,营业面积扩大,产品档次提高,

服务水平升级,生意蒸蒸日上。这时,她的丈夫灰头土脸地回来了:

他在外面过了一段花天酒地的日子,钱花光之后再也潇洒不起来,那个女孩也离他而去……

男人从此变得服服帖帖,老老实实跟着妻子打拼,看似妇唱夫随的和谐之外,原来曾经充满了泪水、屈辱和绝望。

事后,许多人说起这件事情,都佩服老板娘的淡定和豁达。其实,哪个在婚姻生活中遭遇背叛的人,没有一颗千疮百孔的心呢?她只是从头到尾,都不肯把男人当成生活中唯一的重心,对事业的追求,就是她心中的"诗和远方",成为一个物质和精神都强大的女人,让她成功地抵达了梦中的地方。

对于大多数芸芸众生来说,生存在这个世界上,都难免遭遇各种无奈和屈从,于是你不停地抱怨,甚至陷入消极的恶性循环,却从来没有认真想过,如果无法克服眼前的苟且,凭什么向往诗和远方?

你看到别人鲜衣怒马,便转过来抱怨爹妈没有钱、老板脸太黑、跟同事钩心斗角太累,却从来不肯想一想,那些在你眼里活得风光无限的人,也许曾遭遇过同样的无奈,甚至是更多的坎坷和打击。

不同的是,他们却不抱怨,等积蓄了足够的力量时就果断地重新开始。于是,别人赢得了人生的精彩,你却一直在苟且里挣扎。

诗代表的是人生的诗意，如果你懂得营造情趣，生活中处处皆可有诗意；远方其实是一个人内心深处渴望摆脱世俗生活羁绊的一种向往。

你或许因为这样或那样的原因，一时无法抵达远方的那片净土，但是你至少心中要有梦，它会给你力量。当你在滚滚红尘中行走得疲惫不堪时，想到它，嘴角就会泛起一抹别人觉察不到的笑意。

这个梦的主角，可以是一个人、一本书，甚至是你没有品尝过的美食。

不管到什么时候，你都要保持内心的强大和对美好的向往。在"苟且"和"远方"之间有一条很长的路，你只要敢于踏上去，就算不知道终点在哪里，只要不断探寻，走到哪里，都会有不同的风景。

心中有远方，就算身处闹市，也可拥有一片属于自己的静谧之地，这就是诗意。

不需要等了，现在就可以拥有诗和远方，只要你愿意。

06 我过得最难的时候你不在,以后也不需要了

一大早,闺蜜小米打来电话说:"罗文又来了,我不接他的电话,不回他的信息,他居然在楼下蹲了大半夜……"

"你准备怎么办?"

"没有复合的可能……"

小米无奈地叹息,让我想起半年前发生的事情:

她下班回家,被一辆摩托车撞伤了脚,伤势虽然不重,却不能正常行走。她卧床在家的日子,男友罗文来探望的次数非常有限,因为他当时正在参加一个封闭式业务培训班,接下来还要参加一场重要的竞赛,决定他是否能够升职。

他对小米说:"反正事情已经发生了,你就在家慢慢养着,我这里可不敢再出什么差错了,得抓紧时间学习,你万一遇到急事,就打我的电话……"

小米没有打罗文的电话,那时她的生活中没有"急事",全是"小事":

一个人躺在床上,想喝口热水,没有人帮忙倒。身体难受,心里难受,拿出手机想找个人说话,害怕一张嘴就哇哇大哭,最终谁也不敢联系。自己不能做饭,每天叫外卖,从床到门口的距离,她只能用手扶着凳子,忍着疼,单腿跳过去。

一个月之后,罗文考试结束,顺利升职,他跑来找小米,竖起大拇指夸她:"你真是个坚强的好姑娘!"

小米却指着门口堆积如山的外卖盒子,冷冷地说:"我根本不想成为什么坚强的姑娘,我只想生病时有个人陪着……"

他们分手之后,罗文多次想挽回,小米却说,忘不了自己卧床时,没有人心疼的绝望,她的心凉透了,他再怎么样也暖不过来。

小米的遭遇,让我想起邻居家的小清。

不久前,她抱着才几个月大的女儿回娘家,然后就一直住下来,再也没有离开。原来,她已经离婚了。

"那是我这辈子感觉最难的时候……"

说起离婚的原因,小清常常是未语泪先流。

丈夫在外地开公司,各种忙,她怀胎十月,各种难受和不便,基本都是自己一个人扛过来的,她理解他的忙,唯一的心愿就是生孩子时,他一定要陪在自己身边。他本来答应得挺好,她临产时,他却还在几百里之外的地方出差,等到他当天晚上赶回来时,她已经做完了剖宫产手术……

好吧，就算生孩子的时候人不在，接下来好好伺候月子也行。小清只能这样安慰自己，不料，他留在医院的那一天，脸上根本没有初为人父的喜悦，反而心神不定、坐立不安，她问他怎么了，他说，公司打算引进一个重要的新项目，这几天是谈判的关键时期。

"在你眼里这也重要，那也重要，难道就我们母女两个不重要？"小清生气得抹着眼泪，婆婆听到小夫妻拌嘴，不劝解也就罢了，冷嘲热讽地说："女人谁还不生孩子，不就是坐个月子吗？我一个人伺候你还不够，以为自己是公主呢？"

小清强忍心中的怒火，不敢生气，害怕伤口无法正常愈合，也不敢流泪，害怕女儿没奶水吃。

第二天一大早，小清醒来，发现丈夫的床铺居然是空的，她心里有点儿发慌，连声叫也没有人答应，婆婆拎着个保温桶走进病房，摔摔打打地说："别喊了，我已经让他回公司了。那里事情多得乱成一锅粥，他赚不到钱，谁来养活你们……"

自己生下孩子刚满48小时，还没出院，丈夫就一声不吭地离开了。婆婆倒是在伺候自己，但她嫌弃自己生的是丫头，进进出出没有好脸色，从食堂打来的饭，永远是单调的小米粥……

父母离得太远，不能来照顾，小清有泪只能往肚子里咽。

等到出院回家，婆婆立刻就恢复了早晚出去遛弯、白天打打麻将的生活节奏，初为人母的小清，每天独自面对日夜啼哭的婴儿、大堆的尿布，严重的失眠导致她开始抑郁，有一种活不下去的感觉,她打电话给丈夫,他总是各种忙。

好不容易他有空了,没等她说出心中的委屈,他倒劈头盖脸地指责:"你现在也是当妈的人了,别那么娇气!我这里整天忙到半夜都不能休息,你倒闲得失眠!睡不着觉算多大点儿事,找医生开点儿安眠药有那么难吗?"

没等他说完,小清就把电话挂断了,她默默地流了整夜眼泪,然后决定离婚,因为之前看过患产后抑郁症的妈妈抱着孩子自杀的新闻,她害怕自己有一天也会忍不住……

丈夫这才慌慌张张跑回来,说自己这么辛苦赚钱,都是为了这个家、为了她,小清流着眼泪说:"别说这样的鬼话了!生孩子和坐月子,都是女人一生中最难的关口,这样的时刻你都不在,就算你把全世界的钱都赚回来,又有什么用!"

我们每个人都难免因为病痛等各种原因,偶然陷入人生的困境。

对于女人来说,这时候最需要的就是陪伴。

我渴了,你给我倒一杯水。

我冷了,你给我加一件衣服。

我哭了,你给我一个无声的拥抱。

不要说,你在外面辛苦奔波是为了赚钱,这样的陪伴比什么都值钱。

不是女人多么矫情,所谓患难见真情,真正的爱情,不需要你日日夜夜都陪伴，但是在我最痛的时候，你一定不要离我那么远。

女人想要的其实并不多，陪伴是最长情的告白，也是男人能送出的最好的礼物，如果你连这一点都做不到的话，让人心寒也在所难免。女人心里会这样想：你口口声声说爱我，在我最难的时候却消失不见，所有的甜言蜜语都不过是空谈，我再也不稀罕这样没有温度的爱，也不稀罕你了。

07 如果前任这样做，那就是真的不爱你了

周末，约了一位朋友一同去图书馆，正当我们埋头一起挑书时，她忽然轻轻捅了捅我的胳膊说："你看……"

隔着书架的缝隙，我看到的是一个陌生的男孩。

"他是我的前男友，分手半年多了……"

"他长得这么帅，你怎么舍得？"

我不过是开个玩笑，没想到她小脸涨得通红，小声说："其实，我一直都有些后悔，只是不好意思问他现在的情况，也不知道他是否有女朋友了……"

我们小声交谈时，男孩正好顺着书架走过来了。他看到她，愣了一下，说："刘小嘉，你也来借书啊，真巧……"

接下来，他又和她聊了一会儿，他们谈到手里刚借到的书，谈到天气，就是没谈是否还有可能复合，在这样的一个场合谈情，我不由得暗暗替她揪心，盼她抓住机会。

过了一会儿，男孩走了，刘小嘉盯着他的背影看了好一会儿，再转过头时，脸上写满了惆怅和失望："他已经彻底不爱我了。"

"你怎么知道呢？"

"他以前从来都是叫我的小名嘉嘉，刚才第一眼看到我，他刻意叫我的大名，摆明了拉开距离的架势，接下来再说什么，其实都是一种敷衍了……"

都说恋爱中的女孩心细如发，果然如此啊。

我只能安慰刘小嘉，让她不要太敏感，说不定只是囿于当时的环境，他不好意思表达什么。

可惜的是，如今距离那次邂逅，整整过去一个月了，刘小嘉无数次盯着手机，希望他的对话框里，会出现"对方正在输入"的字眼，这样的提示却一直没有出现。

刘小嘉的遭遇，让我想起不久前外出吃饭时遇到的一件事情。

那是一家档次还算不错的酒店，外地的朋友出差路过，想跟我小聚一番。为此，我提前定好了位置，不料火车晚点，我只能自己枯坐等待，漫不经心地玩着手机。

彼时，我不经意间发现，邻桌的一对男女很奇怪：

他们点了不少菜，男的在狂吃，女的却不怎么动筷子，两个人也不怎么说话，气氛有点儿尴尬。过了一会儿，男孩似乎接了一个电话，站起来匆匆走了。

他刚离开，女孩就迅速打了一个电话，像是在跟好朋友倾诉，语气一直带着哭腔：

"我们在一起超过三年，分开才两个月，他居然不知道今天是我的生日。

"我因为约了他吃饭，特意挑了他最喜欢的晚礼服，他却是穿着背心和短裤就来了。

"我点了不少菜，以前他都会把我最喜欢的菜，挪到靠近我的位置，今天他全程只挑自己喜欢的菜吃。

"服务员送上来的饮料没打开，我这里还在费力地拧瓶盖，他已经喝下了半瓶，以前无论喝什么，都是他打开了才会递给我……

"还有啊，他以前多么在乎我，只要看到我情绪有波动，立刻就会紧张，紧张起来就会犯口吃的老毛病。今天我的脸上写满了不开心，他却只顾埋头看手机，还把搞笑的视频转发给我，我哪儿有心情看！

"他饭吃到一半儿就走了，说是有重要的事情要处理。以前，在他的眼里，什么样的事情也没我重要，曾经有一次，他因为答应了跟我约会，直接拒绝了主管让他加班的要求，根本不考虑以后工作中人家是否给会给他小鞋穿……"

女孩边说边哭，桌子上整盒的纸巾都快被她用完了，她的泪水还像小溪水一样不停地流淌着。

这真是一个痴情的女孩，跟男友分手后便后悔，想要利用吃饭的机会挽回，从给他打完电话开始，就一直忐忑不安：

他是否还记得自己的生日？

穿什么样的衣服才能讨他欢心？

结果，他忘了，或者假装不记得她的生日。他穿得那么随便就跑来见她，丝毫不在乎仪表。

他全程没有注意到她的情绪变化，最终只吃了一半儿就跑掉。

他如果还爱她，绝不应该表现成这样。

只有面对不爱的人，他才会如此不在乎自己的表现。

还好，我听到女孩最后挂断电话时，平静地说了一句："还好，我一直忍着，假装只是想跟他叙一下旧的样子，复合的事情，一个字也没提，总算保留了一份自尊。还有，这是最后的晚餐，从此，我也彻底死心了……"

我不由得在心里悄悄为女孩点了一个赞，因为这顿饭没有白吃，从此，她可以放下所有关于前任的纠结了，对于不可能再挽回的感情，先让心死了，然后才有机会等到那个值得心动的人。

张小娴曾说："最难舍的，终究是情。明知道万有皆空，却还是禁不住依依回首这片红尘里的那一场相遇。"

有一位关注我多年的读者，最近给我写了一封信，不是电邮，而是用娟秀的字体写了整整五大页。她说，键盘没有温度，这样一笔一画认真把故事写下来，也算是一次隆重的告别。她在信中写道：

他是她的一位客户，因为偶然购买了公司的产品，售后有些问题需要处理，两个人就此相识并留下了彼此的联系方式，没想到从最开始朋友圈里简单的互动，慢慢发展成了恋人关系。

那时，他们最喜欢去湖边的一家咖啡厅。

那里的咖啡很好喝，音乐也很动听，两个相爱的人，坐在临窗的位置，一起看星星。

画风特别醉人……

后来，他们还是分开了，因为双方父母都不看好这段感情。他们担心得不到祝福的爱情，不会走得太远，干脆放弃了。

她尝试着要忘记他，却怎么也做不到。

那时，她再也不敢去湖边玩，更不敢去老地方喝咖啡，她害怕触景生情，回想从前美好的旧时光，是一种痛苦的煎熬。

不久，另一个男孩追求她，她也有些动心了，在决定是否答应他之前，她专程去了那家咖啡厅，刚刚在临窗的位置坐下来，她的脑海里就开始自动重播曾经和前任在一起的点点滴滴，没等咖啡变凉，她就仓促地逃离了那个地方。

当然，她没有答应那个男孩的追求，因为她清楚地知道，自己还没有放下旧情，草率地开始，对谁都不公平。

后来，她决定每隔一段时间，就去一趟那家咖啡厅，直到不再为他心痛为止。

她没想到，这一天会来得那么快。

她清楚地记得，自分手之后，当她第三次独自去喝咖啡时，刚走到门口，一眼就看见他也来了，还是坐在临窗的位置，跟他在一起的，还有好几个朋友，他们正一边喝咖啡一边轻松地聊天。

她发愣的工夫，有位服务生认出了她，笑着说："你有些日子没来了，倒是你的男朋友常常跟朋友来喝咖啡呢……"

她曾无数次幻想过，就在这个老地方，跟他重逢，只要他有一点儿想要复合的意思，她一定会扑入他的怀抱，诉说分别之后所有的委屈和纠结，从此不再分离。

她没想到，自己还在郑重地用老地方怀念爱情，他却已经把这里当成了寻常会朋友的地点，也难怪啊，他最喜欢这里的咖啡。但是，他能这样毫无顾虑地来来去去，足以说明他对她的情早已经成了历史。

……

这个女孩在信的末尾说：

现在，距离那次在咖啡厅看到他，又过去了一年。

昨天，我有事情路过湖边，走出好远之后，才发现自己路过的是那个特殊的老地方，居然不再有心痛的感觉，一切真的过去了。

看完这封信，我认真地回复那个女孩：只有放下，才能开始。

电影《左耳》里有这样一句台词：前任都是曾经对的人。

这句话说得真好，当初你爱上他，肯定是因为对方身上有特别吸引你、让你迷恋的地方：

他说话的声音好听，他走路的姿势好看，他工作时的样子好认真。他看着你笑的时候，眼神那么清澈……

分手之后，曾经的美好，难免浮现在你的脑海中，那些导致分手的种种不愉快，反而被忽略掉。

于是，你心里放不下这段情，反复幻想挽回的可能，想要问一问他还爱不爱自己，但是这样的话，怎么能说得出口？

那么，能够再有一次相遇的机会也好，不需要多问什么，重逢时的许多小细节，随时都可以暴露出他是否还在乎旧情。有些事情，他一旦做了，就是真的不爱你了。

有人说，女人有时候像侦探，眼中处处都是细节。

不要把女人的这种行为，认定为多么矫情。她这么做，是因为还在爱着，所以如此在乎。

如果有一天，他爱去哪里吃饭，最近去哪里玩过，有没有跳槽，她都不再关心，他才从形式上的前任，变成了心中真正的前任。

人生最大的败笔，莫过于为不在乎自己的人浪费时间。

舍不得前任，更多的时候是因为舍不掉旧时光，但为旧时光而毁了今后的时光，值得吗？

他不爱你了，你却放不下，只能继续活在痛苦的纠结当中。不如正视这段让你心碎的旧情，将往事打一个漂亮的结封存起来，从此学会爱自己，最重要的是，不能让他摧毁了重新寻找爱的勇气。

这才是对待前任的正确方式。

08　我就是那个坐在宝马车里笑的姑娘

每次想起邻居家女孩静静，我总忘不了多年前的一幕。

那天，邻居李婶跑到我家来，喜滋滋地说："我家静静要结婚了，她的婆家就是……"

她说出的那个名字，让我和老妈都吓了一跳：那个人几乎可以算得上是小城的首富，静静嫁过去，立刻就能过上富太太的生活了！

不久，静静果然穿上了婚纱。婚礼的排场很大，来接新娘的豪车队伍排满了整条街，从头看不到尾，帅气逼人的新郎把大束玫瑰送给漂亮的新娘，画面相当完美。

等到接亲的队伍浩浩荡荡驶向小城最高档的酒店时，老妈在我身后长叹一声："都是一起长大的孩子，人和人的命，怎么就差那么大呢？"

我理解老妈的感慨，人家已经嫁得那么好，而我却还没有对象。

隔几天，静静回娘家时，派头十足地坐着高档轿车，手里拎的礼物也都价值不菲，让胡同里有女儿的人家，都悄悄把静静当成嫁得好的标准版本，免不了反复念叨："如果我的女儿，也能嫁得这么风光就好了！"

谁也没想到，静静的婚姻在十年之后便结束了。

那天，我回家时，看到静静骑一辆自车下班，神情憔悴。我问过老妈才知道，静静当初生女儿时大出血，好不容易才捡了一条命回来。丈夫是家中独子，公婆都盼孙子心切。为此，接下来的几年，静静连续怀孕三次，可惜每次检查都说是女孩，她只好忍痛选择流产，如此反复折腾，儿子没生出来，她的身体状况越来越糟，丈夫一家人对她的脸色也越来越差。

最后，因为在那个家庭里已经感受不到一丝温暖，她无奈地选择离婚。

静静当初是坐在宝马车里笑着离开的，如今再回来时却不敢哭，眼泪只能藏在心里。我忽然觉得她好可怜，跟她相比，当年我们一起长大的几个女孩：虽然没有机会坐在宝马车里笑，但至少没有拥有这样残破的人生。

"你想坐在宝马车里哭，还是想坐在自行车上笑？"

这个被人问了无数遍的难题，曾经落到一个名叫琴的姑娘身上。

我们是在一次旅行中认识的。当时，她满脸郁闷，说是出来散心的。

她上大学时遇到初恋男友，在校园里留下了许多风花雪月的美好记忆。毕业之后，他们选择留在同一座城市，她找工作还算顺利，男友却挑剔得多，高不成，低不就，最长的工作只做过三个月，更多的时候，他窝在租来的房子里打电游。

有时，琴因为公司有应酬，回去太晚没有公交车，又舍不得打出租，只好让男友骑自行车来接。男友看她这么忙，自己却整天无所事事，免不了有些失意，接她时总是满脸不高兴，她疲惫不堪，而且满腹委屈，只能坐在自行车后座上悄悄抹眼泪……

那时，公司有一个富二代在追求琴，每天都给她送玫瑰花。此人并非纨绔子弟，不但英俊潇洒，为人做事都很踏实，是不少女孩暗恋的对象。

如果说琴对这个优秀的男孩丝毫不动心，显然是假的。按照当时的情况，假如男友能够找到一份薪水不错的工作，他们想要在这座房价高挺的城市立足，就算再奋斗十年，希望还是渺茫。而如果选择跟这位痴情的男同事在一起，根本不存在这样的难题。

可是，回忆跟初恋男友曾经那么纯真美好的爱情，想到"放手"两个字，琴的心就像被刀扎了一样，痛不可挡。

满脑子都是纠结、问号和焦虑，这就是琴选择独自出来散心的原因。

这个可怜的姑娘，因为满腹心事，一路上根本没有心情欣赏美景和享受美食,直到旅行结束,也没找到答案。

再次遇到琴,是因为我到一座滨海小城出差,在海边吹风时,忽然听到有人大声喊我的名字,一个身材高挑、衣着时尚的姑娘,满脸笑容走过来,这不是琴吗?她比从前瘦了许多,人却很精神。我高兴地问:"太巧了!你怎么会在这里?"

"我来这里差不多两年了!"

原来,那次旅行结束之后,琴做了一个大胆的决定:辞职离开。

她说,如果男友继续混日子,当初那些美好的记忆也会跟着被磨灭,她不怕跟他并肩吃苦,但是害怕自己挣扎得那么累,到头来还要坐在他的自行车后座上哭。

她也不能贸然接受男同事的追求:他的确对自己很好,可是有钱男人面对的诱惑自然也多,万一真有那么一天,恐怕她就要坐在宝马车里哭了吧?

最后,琴来到这座海滨小城,跟朋友一起创业,在某高档小区开辟专门的儿童阅读室,负责孩子放学之后读书、写作业、吃营养餐等一条龙服务,由于准备充足,服务贴心,她们的业务尤其受到一些高级白领家庭的青睐,每个月收入都十分可观。不过两年的时间,她们的服务已经占领了当地近十个高档住宅小区……

也就是说,琴姑娘现在不用再纠结了,她已经凭自己的收入买了一辆车,虽然它不是宝马。

至于爱情,琴更相信缘分,一切顺其自然,她是一个活得多么通透的姑娘啊。

台湾作家刘墉曾经说过这样一段话:"嫁得好是天下父母对女儿的期望,但是父母无法预测女儿的婚姻,即使眼前好,十年以后怎样谁敢打包票?所以,嫁得好是可遇不可求。"

所谓嫁得好,按照世俗的眼光来看,对方不一定多么权贵,至少要满足钱多这个条件。

不要说姑娘虚荣心强,如果可以选择,谁不愿意坐在宝马车里笑呢?

但是,两个人如果真心相爱,心态阳光,骑着自行车也可以让笑声撒落一地。可怕的是你没本事让我坐宝马车,还让我在自行车后座上哭。我离开你,不过是早一天或晚一天的事情。

相反,如果不爱,或者爱得不够,在宝马车里哭,也是不足为奇的。宝马车如果能够充当爱情的免死金牌,不被全世界的人抢疯了才怪!

重要的是,对于一个姑娘来说,无论嫁给什么样的男人,都必须学会认真规划自己的人生,设定一个目标,持续为之付出努力,不断实现自我成长,绝不能把人生唯一的希望寄托在一个男人的身上,并且为此委屈了自己的人生。

其实嫁得好,不是专指你嫁给了一个有权有势又有钱的人家。

而应该是你嫁给了当初你想嫁、对方也想娶的那个人,并且两个人一直幸福地走下去。

有人说,很多很多钱和很多很多爱,是女人最大的安全感,缺一不可。

但是，你嫁给爱，钱可以两个人一起去赚。

嫁给钱，你使出浑身解数，也不见得能得到爱。

最完美的版本，当然是嫁给有钱又有爱的人。但是，现实生活中，这样完美的标配你见过多少？

况且，一个人如果本身没有貌美如花的优势，这样的"馅饼"又凭什么砸到你的头上呢？毕竟我们本身多是相貌平平的普通人。

所以，亲爱的，如果你想要很多很多爱，还想坐在宝马车里笑。前提是，你就算没有赚宝马车的能力，至少要有积极进取的心态和独立用行动去实践的能力。

一个人拥有了驾驭自己人生目标的本领。接下来，你想怎么驾驭婚姻的小船，其实都会变得简单。

Chapter 4

姑娘,
你也可以活得很漂亮

Chapter 4

我们要做这样的女子:

相信自己手中握着幸福的能量,

和时光握手言和,

不畏惧衰老,

活在当下,

做自己人生的主人。

01　晚睡很容易，你敢早起吗？

办公室里的两个女孩，不久前都表示要健身，并且也都切实地采取了行动。

A姑娘花大价钱买了一台跑步机，最开始早晨起床之后必跑半个小时，但坚持了没多久，就嚷着受不了，因为起床晚，她跑完步，就没有时间吃早餐，只能饿着肚子来上班。她重新制订了方案，改成晚上健身。晚饭后立刻跑步，这当然是不合适的，对肠胃不好，对消化不利。她往往是追完电视剧之后，差不多已经11点了，这时才站到跑步机上，半个小时跑下来，大汗淋漓，洗个澡，收拾一番，午夜12点上床，困意全无，继续刷手机……

第二天上班，A姑娘常常带着黑眼圈，哈欠连天地告诉我们，昨天又坚持跑步了，只是睡得太晚，起床时间跟着顺延，又没时间吃早餐了。

再来看B姑娘，她没有选择购买跑步机，而是坚持到公园里去晨跑。夏天的时候，5点钟天已经蒙蒙亮，独自沿着花草丛生的小路跑步，呼吸着新鲜的空气，树梢偶尔掠过一只同样早起的鸟儿，跑着跑着，天越来越亮，给人一种掌控时间的快感。她从容地往回走，顺便就替家人买好了早餐，回到家才6点，她在晨光中坐下来，开始最喜欢的业余消遣——绣十字绣，一个小时之后，家人陆续起床，B姑娘跟着一起吃饭，再把自己收拾利索，妆容精致地出现在办公室，整个人都显得神采奕奕。

我仔细替两位姑娘算了一下：A姑娘一般是深夜1点睡，早晨8点起床，休息时间为七个小时；B姑娘则是晚上10点上床，早晨5点起床，休息时间同样为七个小时，但是两位姑娘的精神状态相差太多。A姑娘整个上午都是一边工作一边哈欠连天，一副魂不附体的模样，直到补过午觉，才算有精神。B姑娘则始终精神饱满，工作做得又快又好。

我忍不住劝A姑娘："不如你也早晨5点起床吧，晚睡对身体不好。"她瞪大了眼睛说："早晨5点？那可是我睡觉最香的时候，绝对起不来！"又过了一段时间，我问A姑娘："你晚上还坚持跑步吗？"她吐吐舌头说："早就不跑了，跑步机都扔到角落里，成了置物架……"B姑娘则一直坚持晨跑，不仅身材保持苗条，十字绣作品完成了好几幅，她还报名参加了会计培训班，利用早晨空出来的时间抓紧学习……

一个人是否喜欢健身，利用晚上还是早上付诸行动，看似只是个人习惯，天长地久，才能渐渐显示出它对一个人的影响：

A姑娘继续追电视剧，晚睡，早晨起不来，身材朝着臃肿的方向缓慢发展，在单位也继续做着打字员之类最基础的工作。

　　B姑娘的会计证早就拿到手，已经转到更适合自己发展的科室，成了所在部门的骨干。

　　有时候，我会听到A姑娘抱怨，自己不如B姑娘命好云云。我暗自觉得好笑，人家敢于天天起早，你却只喜欢晚睡，天长地久，人生差距慢慢拉开，跟是否命好哪有一毛钱的关系？

　　认识一个名叫毛毛的女人，缘于去听一次心理辅导课。她在上大学的时候，是整个寝室里最勤奋的，每天早晨5点30分之前起床，先到操场去跑步，回到宿舍戴上耳机听音乐、看书，如果上午有课就早点去教室，如果没课就吃过早餐直接去图书馆。这样保持早起的习惯，让她整个大学期间都过得很充实，也比别人多读了许多书。

　　毛毛参加工作之后，慢慢放弃了晨跑的习惯，还是坚持早起，看看书，收拾一下房间，保证8点之前可以精神抖擞地出门上班。等到结婚有了孩子之后，生活规律彻底被打乱，她把孩子哄睡基本都在晚上10点，收拾一下乱糟糟的房间，再去洗澡洗衣服，不到深夜1点根本无法休息。由于睡得太晚，早晨起不来，这让她内心产生一种浪费时间的愧疚感，常常早晨挣扎着起来，整个人却没精神，勉强支撑着想要做点什么，却什么也做不好。

　　这时，孩子往往又醒了，她又开始手忙脚乱的一天。这样恶性循环的结果是，她渐渐患上了抑郁症，脸色越来越差，头发大把脱落，心情不好时常乱发脾气，和家人的关系空前紧张……

偶然间，毛毛翻到大学时写的日记，看到一段早晨起床之后的心情描写：

整个世界似乎都在沉睡，而我已经醒来，一件件完成每天的计划：跑步，读书，很享受这种一个人的时光，手指轻轻拂过书页，天微亮，清晨的第一缕阳光穿过纱帘，投下柔和的影子，感觉每一分钟都充实而美好……

天啊，多久没有享受这种早起的美好了？

毛毛决定改变自己的作息规律，要想早起必须早睡，她不再勉强自己哄睡孩子之后再起来收拾房间，而是干脆早早刷牙洗脸，直接搂着宝宝一起进入甜美的梦乡。早晨设置两次闹钟，第一次是5点，为了防止万一睡过头，第二次设在5点30分，被两遍闹钟吵醒之后，她会先在阳台练半个小时的瑜伽，然后读书一小时，时针指向6点30分时，她放下书，拿出手机，戴上耳机，收听专门在网上定制的育儿课程，同时准备爱心早餐，把昨天的脏衣服扔到洗衣机里；7点左右，孩子醒来，她用半个小时给她喂饭穿衣，把洗好的衣服晾出去，一天的生活正式拉开序幕，而她早已经完成了健身、读书和洗衣服的任务，感觉心情大好，精神状态自然也跟着变好，之前所有因为晚睡造成的恶性循环，竟然都慢慢消失不见了。

如今的毛毛不仅是爱心妈妈，也是职场达人，每天的时间都安排得紧张有序。从晚睡早起到早睡早起，她走出抑郁的阴影，成功掌控了自己的人生。

再来说说我的外婆。童年时，因为父母都忙，有时我会被送到外婆家。白天在外面疯玩一天，我晚上总是睡得很早。不知有多少次，我在睡梦中，听到一种奇怪的声音：咣当，咣当，咣当……

我从床上爬起来，努力把眼睛睁开一条缝，隐约看到西厢房的门开着，不知什么时候，睡在我旁边的外婆，早已经端坐在织布机前，随着她手里那只来回飞舞的梭子，传出单调而有节奏的声音。

我重新躺回温暖的被窝，等到被外婆叫醒起来吃早餐时，往往太阳都快照到屁股了。"你起得好早呀！"我喝着热腾腾的小米粥，忍不住像个大人一样感慨。"早起好啊，早起的鸟儿有虫吃。"外婆神秘地一笑。

我决定也要早起，看看"鸟儿是怎么吃虫的"，却下了N次决心都没有实现，直到有一天，在晚上临睡前，外婆对我说："明天要早起，外公要去赶集，让他带上你。"赶集的地方就在小镇，那可是我童年最向往的地方，可以吃到软软的棉花糖和香喷喷的水煮蚕豆，我当然想去，因为心里一心惦记这些好吃的，第二天外婆起床时，我也跟着一骨碌爬起来。

外面的天还黑着，外婆捅开火炉，把水烧上，把昨夜烤在炉子边上的红薯，当成给我的零食，然后就到西厢房去织布，我啃着红薯，看到随着外面天光渐亮，织布机上的布又长出了长长的一截，外婆伸个懒腰，去淘米做饭，我像做梦一样跟在她后面，感觉外婆手中的梭子太神奇了，似乎把天都织亮了。

那次赶集，外公带我吃了什么，我早就忘记了。

直到多年之后，我才理解了外婆说的"早起的鸟儿有虫吃"的真正含义：外婆一共养育了八个孩子，他们在那样贫困的年代，能够维持不饿肚子、有鞋穿的日子，多亏了她几十年如一日坚持早起的习惯，用手中的梭子把丝丝细线织成布，再由外公背到集市上去卖，这才换来全家人的衣食。

当时邻居家的情况跟外婆家差不多，孩子们却总是缺吃少穿，日子过得极为窘迫，区别之一就在于，那家的女主人从来不早起，白白损失了清晨的好时光，懒觉倒是睡足了，日子久了，两家人的生活质量就有了差别。天道酬勤，这样的道理放在哪个年代都是一样的。

如今，外婆已经故去，由她那里传承下来的早起习惯，却继续在孩子们身上延续。我的母亲也如外婆一样，除非病倒起不来，否则永远不会晚起，当年我们姐妹几个上学，早晨从来不需要被闹钟叫醒，我们更习惯在母亲捅火炉子、扫院子的声音中醒来，没有抱怨，一个个揉着睡眼起床去上早自习，从来没有迟到过。从那时开始，早起的习惯一直陪伴我至今，从未懈怠。

早起带来的好处多多：

起床之后动手做一天之中最重要的事情，这时候没有别的事情干扰，做事可以很专注。充足的睡眠让我们精力充沛，更容易完成一些难度较大的事情。

我们可以观看日出，给家人做一顿可口的早餐，出门上班的脚步也比别人多一分从容。

早晨做事让人有成就感，这一天都会过得很愉快。

早睡早起的习惯有利于健康，能够提高人体免疫力，帮助我们减少压力，更好地计划一天的安排。

……

早起，说起来容易，做起来很难，有人形容这就好比从安全的机舱跳向未知世界，需要很大的勇气。

想要做到早起，你至少要在晚上休息时，抗拒躺在床上刷手机的诱惑，而是让自己早睡。

循序渐进，最开始可以把起床时间比平时提早半个小时，坚持一段时间，再提早半个小时，慢慢找到一个最适合的时间段。

给自己定一个目标，早起让你拥有了充裕的时间，没有目标却让人迷茫，起这么早到底做什么呢？

安妮宝贝曾说，失去目标意味着对行动失去控制和约束。你想保持晨练，想读书，还是想减肥？目标清晰，才能够形成坚持一个好习惯的持久动力。

早起，能不能够让一个人成功，关键是看你用早起的时间做了什么。

早起，却容易让我们距离成功更近一点儿，至少，我们敢于跟生命赛跑，可以额外支配许多时间。勤奋的人是时间的主人，懒散的人是时间的奴隶。

南怀瑾先生曾说过："能控制早晨的人，方可控制人生！"

你整天看别人写鸡汤文，羡慕别人人美钱多，却连早起都做不到，还奢谈什么成功？

晚睡和早起的人，过的是不一样的人生。

从今天开始，做一个掌控自己人生的人，大胆地问自己："晚睡很容易，你敢早起吗？"

02 姑娘,你为什么不如别人活得漂亮?

那天去图书馆,看到一本有趣的儿童绘本故事,它的主人公是一只爱打扮的小狐狸。这只小狐狸最近很烦恼,因为她一向觉得自己既漂亮又可爱,为什么不如那个胖胖的黑猪姑娘更受大家欢迎呢?小狐狸不甘心,故意拉着黑猪姑娘出去散步,发现她看到一朵快要凋零的花会对它微笑,看到走路摔跤的小男孩也会对他微笑……

最后,小狐狸只能乖乖认输:自己长得还算漂亮,可是脸上总是带着骄傲自大的表情,难怪没人喜欢!

这个有趣的小故事,让我想起一位名叫华华的朋友。她是个当之无愧的美女,个子高挑,皮肤白皙,一双水汪汪的大眼睛。华华对工作十分认真,每天总是踏踏实实地干活儿,努力把自己负责的事情做到最好。

年底,公司评选优秀员工时,华华所在的科室只有一个名额,最开始，她以为这个名额非她莫属。不料，评选结果出来之后，华华却傻眼了：被评上的不是自己，反而是另一个各方面条件都比她逊色的女孩。

华华不服气，当然，她只是在心里生闷气，找老朋友吐槽，表面仍然不动声色地做好本职工作。经过一段时间观察，像那童话故事中的那个小狐狸一样，华华终于也找到了答案：

那个被评为优秀的姑娘，容貌不如自己漂亮，工作也不如自己完成得出色，但人缘比她强太多，因为她的脸上总是带着笑容，难能可贵的是，无论站在面前的是自己的同事，还是大楼里的清洁工阿姨，她的笑容都像春风一样温暖……

华华再回头看自己，工作倒是真的很拼，但平时总是绷着一张脸，好像从来不会笑，这样的表情能讨人喜欢才怪！

华华最终得出一个结论：

一个人要想真正赢得别人发自内心的认可，单有优秀的业绩是不够的，还必须有温暖干净的笑容和良好的个人修养，拥有这两件法宝的姑娘，才能活得更漂亮。

多年前，我曾经跟另外两个女孩挤在同一间宿舍里，相同的年龄，总有聊不完的话题。当时，她们都说自己喜欢上了一个男孩，在我苦苦地追问之下，媛媛羞答答吐出了一个名字，那正是我们的一个男同事。

当我和媛媛追问依依喜欢的人是谁时，她却翻一个身，用被子蒙住头，闷声闷气地说："我哪里有什么喜欢的人，骗你们的！"然后就再也不说一句话。

更奇怪的是，从此以后，宿舍里的气氛莫名其妙变得怪怪的，媛媛暗恋的那个男孩，最喜欢散步，于是她每天也打扮得漂漂亮亮下楼去，想办法制造偶遇；而本来也很活泼的依依，却变得沉默起来，时常一个人坐在窗前发呆。

不久，媛媛一个人的散步，终于变成了两个人的约会，她兴奋得不得了，晚上做梦都会唱歌，她很想跟我们分享这份快乐，但是依依的态度总是冷冰冰的，让她不好意思开口。

有一天早晨，我睡醒了，习惯性打开手机，看到平时跟我搭档的一个女同事，发来几张媛媛的照片：有的是她刚起床，正在揉眼睛；有的是她正在刷牙，满嘴白花花的泡沫，甚至还有一张是她张着嘴在睡觉，嘴角隐隐有口水……

总之，每一张照片中的媛媛都不好看。

我急忙问这位同事："你这是从哪里弄来的照片？"

她反过来问我："我也不知道最开始从哪里来的，反正好几个同事都在转发啊，你和她住在一起，这些照片难道不是你拍的？"

当然不是我，宿舍里只有三个人，那么拍下这样一组照片的人，只能是依依。

一直过了很久，媛媛才弄清楚了事情的真相：原来依依心中悄悄喜欢的，也是那个男同事，她每天坐在窗前，看他们一起散步时，内心嫉妒得要发狂。

于是，她故意拍下媛媛"最丑"的照片，再发给同事，当然也包括那个男孩。目的只有一个，丑化媛媛在他心中的形象，也许他就会放弃她，那样自己才有机会。

后来，媛媛告诉我，她曾经问由男友升级为丈夫的他："当年，你看到那些照片有什么感觉？"

他不好意思地说："其实，你和依依都是漂亮的女孩，当年你们几乎在差不多的时候向我表白，我本来还有点儿犹豫，不知如何选择。恰在那时，你那几张照片流传出来了，得知这是依依偷偷拍下来的，我当即决定选择你。因为一个人就算长得再漂亮也得回归日常生活，而一个内心龌龊的姑娘，就算再漂亮又有什么意思？"

小欣是家中独女，也是被父母宠爱了二十多年的公主。她从小衣食都是名牌，从来不懂得为钱发愁的滋味。

小欣和丈夫是在上大学时认识的，那时的他，在小欣眼里高大帅气、文质彬彬，每次两个人一起出去玩，小欣都能收获许多羡慕的目光，这让她十分得意。

尽管父母有些不情愿，小欣还是坚持嫁给了农村出身的丈夫。小夫妻没有房子，一直住在小欣的娘家，她觉得十分心安理得，反正父母的财产将来都是自己的。一向强势的她，婚后的日子，在丈夫面前颐指气使，从来不考虑他的感受，两人稍微闹一点儿矛盾，她就会大喊大叫："你什么都没有，居然还这么大脾气，不想过就拉倒！"

到了过春节的时候，丈夫坚持要回老家，小欣百般不情愿：她刚结婚时回去住过两天，说乡下的房子好冷，厕所都是露天的，公婆做的饭太难吃了……

一向对小欣百依百顺的丈夫，这次没有顺从她，冷着脸收拾完自己的行李，然后一字一句地说："如果你不跟我回去，春节之后我也不再回这个家，到外面租房去……"小欣无奈，只好乖乖地跟着丈夫回了老家。

丈夫家兄弟两个，大哥大嫂结婚多年，平时一直在家务农，闲时才出去打打工，一年到头也挣不到多少钱。嫂子是个特别节俭的人，过年时身上穿的衣服和鞋子，统统加起来也不超过两百元钱，面对这样一个土得掉渣的妯娌，小欣的虚荣心暴涨，时不时故意透露一下："我这个背包花了一千多元呢，你们看皮质多么柔软细腻！这条围巾好看吧，八百多元呢，上面的花朵都是纯手工刺绣的……"而嫂子瞪大了眼睛的样子，让小欣心里好不得意。

晚上，开始准备年夜饭了，婆婆和大嫂忙前忙后，小欣却懒懒地坐着玩手机，根本没想到要过去搭一把手。

吃饭之前，小欣拿出送给婆婆的新年礼物，是一份随手在火车站购买的点心，不过花了几十元钱，她丝毫没有考虑到婆婆患糖尿病，根本不能吃这种甜糕点，而大嫂拿出来的却是一件又轻又柔的羽绒服，婆婆穿在身上，颜色和款式都刚刚好。

丈夫责备的目光，让小欣不由得有些脸红，好在他为了替她挽回面子，急忙从行李箱中拿出了一件自己的羊毛背心，说这是小欣送给公公的礼物，尴尬的气氛终于缓和了一些。

吃完年夜饭，大家围在一起拍了张全家福，照片被传到朋友圈里之后，大家都说大嫂笑得最舒心，照得最漂亮。

小欣身上的衣饰价值上万元，衣着光鲜的她却硬是输给了土里土气的嫂子，其实并非她真的不漂亮，而是她高高在上的样子，让所有人都选择对她敬而远之，她的自私，也让人觉得心寒。

如此看来，有些姑娘就算有了一张爹妈给的好脸蛋，不懂得好好经营，也不一定能够活得多么漂亮。因为你就算再漂亮，也有青春不再的那一天，而一个人只要拥有良好的修养，再加上满满的爱心，就可以活得足够漂亮。

张小娴说过："要做这样的女子，面若桃花、心深似海、冷暖自知、真诚善良、触觉敏锐、情感丰富、坚忍独立、缱绻决绝。坚持读书、写字、听歌、旅行、上网、摄影，有时唱歌、跳舞、打扫、烹饪、约会、狂欢。"

我一直都非常喜欢这段话，以为这才是一个姑娘活得漂亮的姿势。看到这里，你不妨扪心自问一下：这样的真本事，你拥有几条？

或许，你天生没有办法面若桃花，毕竟大多数都是如你我一样的普通人，但是不用怕，长得不漂亮，那就努力活得漂亮啊。

毕竟，一个人长得漂亮拼的是运气，活得漂亮才会让你真正神采奕奕！

要想活得漂亮，至少也要让灵魂真诚善良、丰富有趣，这样会反过来为你的容貌增添光彩，修心和修身从来都不是矛盾体。

好运气，也愿意青睐一个灵魂有香气的人。

那么，当你觉得自己不如别人活得漂亮时，也不用再那么纠结，多问几个为什么，然后努力提升和修炼自己的整体素养。

因为，长得漂亮是你的优势，而活得漂亮，需要的却是自己的真本事。

03　你不用那么美，惊艳一个人就好

老同学聚会，妙妙姗姗来迟，她从一辆敞篷汽车上走下来，袅袅婷婷的样子，刹那间吸引了不少路人的目光。

妙妙真美，不知有多少人在心里这样感慨。

妙妙当年可是个丑小鸭，她的变化真是太大了。又不知有多少人今昔对比一下，更加感慨。

上中学时，妙妙是我的同桌，彼时的她不修边幅，总是用一根皮筋套着乱糟糟的头发，衣服也都是老土的样子，据说她的衣服全是一位表姐穿小了留给她的，表姐有钱，衣服全是名牌的，问题是她那位表姐比她大整整十岁，隔了那么久的光阴，再好的衣服也早就过时了。

妙妙没心情理会别人嘲笑的目光，她一心一意只想把书念好。因为母亲早就对她说："要好好念书，将来考个好学校，找个好工作，嫁个好男人。否则，你就只能回到农村，像我这样天天面朝黄

土背朝天,晴天一身汗雨天一身泥……"

母亲的话很俗,却也很现实,妙妙清醒地知道,对于她来说,想要离开农村,只有苦读书这一条路。所谓天道酬勤,妙妙的付出得到了最好的回报,她毫无悬念地考进了重点高中,考上了名牌大学,又找到了一份薪水不错的工作。

接下来,母亲说过的事情,她只剩下一件还没有完成,那就是嫁个好男人。

直到这时妙妙才发现,想要完成这件事情,比之前寒窗十年苦读要困难太多。彼时的妙妙还保持着上学时的衣着习惯:戴着厚厚的近视眼镜,永远穿平底鞋,她倒是不再捡表姐的衣服穿了,但更糟糕的是她不懂得打扮,完全没有自己的审美观,常常花了不少冤枉钱,买回来的却是既贵又不适合自己穿的衣服……

公司里倒是有不少帅哥,但是没有谁会对妙妙这样的女孩感兴趣。每逢周末需要加班时,倒是有几个美女同事会第一时间想起妙妙,她们特意送来些小零食,亲亲热热地拍拍她的肩膀说:"麻烦你帮我做一下报表吧,我约了男朋友逛街……""男朋友要帮我庆祝生日,还有两份文档没有校对,只好麻烦你了,周一开会就要用哦……"

妙妙没有男朋友,自然有大把的时光,反正闲着也是闲着,于是从来不拒绝找她帮忙的人,整天让自己忙得团团转。有一天晚上,同屋的女孩都去约会了,她在办公室加班奋战到很晚,一个人孤零零准备回宿舍时,发现外面下着瓢泼大雨。她没有带伞,又冷又饿,偏偏又打不到出租车,一个人在屋檐下躲雨时,忽然想放声大哭。

那个雨夜,妙妙独自在雨中跋涉了一个多小时,第二天就患了重感冒,她在宿舍里昏昏沉沉躺了整整三天,只有一位年龄稍长的同事姐姐来探望,并且以过来人的语气说:"你不用讨好每一个人,只需要把自己的工作做好就行。"

这句话对妙妙起到了醍醐灌顶的作用。从此,她不再当老好人,一心一意埋头研究自己的业务,她原本是那么聪明的一个人,相对于当年的苦读来说,那些在别人眼里枯燥无比的专业书,对她来说只能算"小儿科"。

妙妙慢慢成了公司的业务骨干,职务提升,薪水连涨,许多人开始对这个总是默不作声的姑娘另眼相看,其中当然不乏优秀的小伙子。从来没有过恋爱经验的妙妙,遭遇了人生最大的难题,她开始十分在意自己的衣着,一会儿走白衬衣加牛仔裙的清纯路线,一会儿又身穿职业套装、把头发高高挽起……她是个不会打扮的姑娘,怎么折腾都不好看,甚至越来越糟糕,她的心情陷入极度沮丧之中。

直到那天,有个一直对妙妙有好感的男生约她周末一起去郊游,她再次高度紧张起来,因为她其实从最开始就喜欢这个男生,于是反复在心中问自己:"明天穿什么好呢?"男生似乎看穿了她的心思,十分轻松地说:"明天出去玩,越放松越好,咱们终于不用穿这种正襟危坐的职业装了……"

第二天,妙妙穿了一身颜色鲜艳的运动装,她本来皮肤就很白，这样打扮显得俏皮又可爱，就连那个男生看她的目光都有几分异样，他还悄悄对她说了一句话："其实，你不需要多美，惊艳一个人就好。"

因为这句话，妙妙掉下了眼泪，她下决心要提升自己的衣着品位，只为了配得上这个如此懂得她的优秀男生。

于是，妙妙悄悄报名参加了一个专门教女性穿衣打扮的培训班，学费贵得吓人，妙妙却毫不心疼。再后来，妙妙的变化所有人都看到了，她本来就不难看，悟性又好，被高人略加指点，就变成了时尚达人，就算后来结婚，又成了两个女孩的妈妈，她仍然保持靓丽动人的形象。

今天的妙妙，在我们眼里那么美，她每次出场，惊艳到的不止一个人，而她最吸引别人的，是全身上下、由内到外散发出的满满的自信。

学会提升自己，从灰姑娘到公主，原来仅仅一步之差。

04　你活得那么累，只因为做错了一件事

我的朋友小陈不久前尝试自己创业，开了一家装修公司，由于他之前有过多年的从业经验，前期宣传工作做得很出色，又正好赶上有几个小区的楼盘刚刚交房，开业不久就迎来许多客户。

就在小陈忙得不可开交时，有个旧同事小刘找上门来，希望可以从他手里揽些活儿。小陈这里正巧缺人手，但是这个旧同事的脾气他也清楚，干活儿的技术不错，就是做事情常常拖拖拉拉。小陈想要拒绝，却又磨不开面子，想来想去，还是决定给小刘一次机会。

"这位业主已经定好了婚期，对新房装修催得比较急，你一定要按时完工啊。"小陈把一位客户的资料给小刘，又不放心地叮嘱了好几遍。没想到，小刘刚做了没几天，业主就频频打来电话说："你们的工人也太懒了吧，都9点多了还没上班！""我跟你们的工人约好了去选地板砖，我都来了半个小时了，他人呢？"

客户不满意就是在砸自己的招牌，小陈赶快打小刘的电话，对方不是没睡醒，就是还没吃饭，总要被催促好几遍才能赶到现场，

还会不高兴地抱怨:"急什么啊,我心里有数。"你心里有数,业主却觉得你这个人太不靠谱,人家花钱买服务,凭什么惯着你的坏毛病?后来,这位业主直接跟小陈下了最后通牒:换人,否则就中止合同。

小陈无奈,只好让会计多给小刘一些工钱,打发他走人。没想到,小刘离开之后,四处说小陈的坏话,骂他不讲情面,弄得小陈里外不是人。

明明知道这个人做事情不靠谱,却因为不好意思拒绝而继续跟他合作;等到事情无法收场时,既要收拾他留下的烂摊子,还要挨骂,这不是自讨苦吃吗?

同事小玉是一个典型的背包客,这些年利用假期走过了许多地方,她不喜欢跟团,总是一个人出发,只看自己喜欢的风景,来去都很潇洒。

一天,听说小玉又要出去旅游,跟她一起办公的王姐说,自己上大学的女儿正好放假了,在家里闲着也没事,不如让小玉带她一起玩。小玉听了,在心中暗暗叫苦,这个女孩她早就认识,是那种无论走到哪里永远只对刷手机有兴趣的人,跟这样的人一起旅游该有多么无趣啊,可是王姐都这样说了,她只好答应。

于是,小玉硬着头皮带着女孩出发了,一路上果然像她预料的那样,不管窗外的风景如何优美,女孩的眼睛都不肯离开手机。更要命的是,两个人好不容易赶到了小玉向往已久的地方,带女孩爬山,她说太累,带她看海,她又说海风太凉,一起去看老民居,她说这样破破烂烂的房子有什么好看的？

什么都不好看，你跟着出来做什么，直接坐在家里看手机不好吗？小玉被这个女孩气得够呛，却又不能直说，后来她灵机一动，把女孩安置在宾馆里，让她舒舒服服玩手机，自己一个人出去玩。

这时，问题又来了，王姐听说女儿一个人在宾馆里，感觉一百个不放心，不停地打小玉的电话。小玉也是很纳闷：一个大学生，又不是没出过门，有什么不放心的呢？被这样的电话反复骚扰，她哪里还有看风景的心情，只好赶快收拾东西，带着女孩提前打道回府了。私下里跟我说起这趟出门的经历，小玉说，她哪里是去散心，一直都在闹心啊。

如果小玉最开始就拒绝了王姐，也许会惹得她一时不开心，但她自己却不必赔上好不容易才申请到的年假以及大把的银子，这样不辞辛苦地奔波，最后却把精心策划了许久的旅行搞得一团糟，真是得不偿失啊。

我的闺蜜文文也是一个不懂得拒绝的人。

当年，她大学毕业参加工作没多久，就有人给她介绍了一个男朋友。"那人给我的第一感觉不是太好。"文文相亲回来这样跟我说。"那就算了，反正只见过一次面而已。"我这样劝她。

后来，文文又去见了那个人第二次，因为介绍人是妈妈的好姐妹，只见一次就拒绝，怕丢妈妈的面子。接下来是第三次，因为那人请她吃了两次饭，总得回请一下吧，不然怎么好意思？

不久，那人给文文打电话：一起去看电影吧。

这是一部最新上映的影片，那人为了抢票费了挺大劲，文文没好意思拒绝。

接着，那人又说，有家旅行社的周末一日游很不错，我已经交钱报名了，一起去吧！人家都已经交钱了，不去岂不是太浪费，文文没好意思拒绝。

这样不好意思下去的结果是，两人断断续续地交往了半年，恰逢情人节，那人忽然捧着鲜花和钻戒来了："嫁给我吧！"这次，文文没有办法再逃避，只好红着脸，咬着牙说："我们好像不太合适……"那人当场也凌乱了："你怎么不早说呢？每次请你吃饭、看电影，你从来都没有拒绝过，我还以为你也喜欢我……"

还好，文文最终没有因为不好意思拒绝而潦草地把自己嫁掉，吃过这次亏之后，她再也不肯轻易答应别人去相亲。

感情的事情无法勉强，不喜欢，一定趁早说不，一味地拖延，会给对方留下希望，只会带来更深的伤害。

很多时候，一个人抱怨自己活得太累，根本原因就是做错了一件事：总是不懂得如何拒绝别人，把面子看得比天还大。

而一个真正成熟的人，做事总是有自己的原则和底线，遇到不接受的事，第一时间表示拒绝，不给对方留下更多的余地，就不会浪费彼此的时间。

不要企图寻找委婉拒绝的艺术，直接说"不"，这样做看起来很不客气，却是解决不好意思的最佳良策。

因为一个人过于友善，总是不懂得拒绝，最终也不可能赢得别人真正的尊重。

05 远离你身边低层次的人

早晨醒来,看到小李在朋友圈里发了一条搬家的消息,照片里的他,坐在一间收拾得非常整洁的小屋里,脸上的笑容像阳光一样灿烂。

小李是我一位老同学的弟弟,大学毕业来到我所在的城市打工,他们公司的宿舍正好离我家不远,我曾专门去探望过他一次。

那间房子不过十几平方米,里面却挤了8个人。敲开门的瞬间,一股恶臭扑面而来,屋子里横七竖八拉满了铁丝,铁丝上面挂满了乱七八糟的衣服,门口还有一只辨不出颜色的水桶,里面有变质的剩饭菜,恶臭就是从这里发出来的……

看到我来,小李急忙走出来,随手掩上房门,红着脸说:"姐,真不好意思,这地方又脏又乱,你以后千万不要来了。"

原来,这家公司的宿舍十分紧张,小李只能跟同事们一起挤在这里。刚来上班的那几天,他一个人把宿舍里的垃圾全都清理了出去,把地板也拖得干干净净,没想到大家非但不感谢,反而嘲笑他臭讲究,继续把垃圾丢得到处都是。

小李管不了别人,只求管好自己。不料,由于他的床在下铺,经常有人躺在他的床上抽烟、喝酒和吃东西,甚至抓起床单直接擦皮鞋……

"我一天也不想跟他们住在一起,现在又没有办法离开,只能先忍着吧。"小李无奈地告诉我。

为此,他每天下班之后就到图书馆去学习,尽可能晚回宿舍,还利用周末找了一份兼职。就这样,小李一边认真工作,一边积极充电,终于在一年之后成功跳槽,因为薪水比从前涨了不少,他干脆自己租了一套小房子,跳出了原来那个低层次的小圈子,对那些不想见的人,终于可以不见了。

有时候,做人的境界,跟他身处什么样的阶层无关,生活方式不同,却代表了不同的层次。

"我为了写那篇3000字的影评,熬了三个通宵看电影,搜集了近十万字的资料,他一个字没写,凭什么署名时还要加上他的名字?"

"打印机临时出故障,他想要的那份资料,不过迟送了10分钟,他就当着客户的面大发雷霆,完全是小题大做!"

好友晶晶在一家杂志社供职,她每天在我们的微信群里各种吐槽,抱怨自己的主管是一个超级贱男。下属有功劳他要抢,谁要是偶然出点儿差错,他第一时间把自己的责任推脱得干干净净;他在地位比自己低的人面前装模作样、颐指气使,看到领导立刻点头哈腰;他明明有个交往多年的女朋友,看到年轻漂亮的女作者,立刻露出下流的本性,各种语言和肢体的暧昧……

"分明最不愿意看到他,现在却必须天天跟他一起办公,烦死了!"

面对晶晶的抱怨,我们只能丢一个拥抱的表情过去表达安慰,爱莫能助啊。

有一天,晶晶隆重地招呼大家聚餐,兴高采烈地宣布:"我把原来的工作辞了,从此再也不用天天看那张贱脸了!"

原来,早在半年前,晶晶外出开会时,偶然结识了另一家杂志社的副主编,两个人聊得很投缘,她看过晶晶的文章,很欣赏这样的文笔,说是自己那里缺少一个编辑,问她是否愿意过去。

晶晶听了,当时心里乐开了花,她害怕辜负了这份信任,于是利用业余时间,找来这家杂志历年的样刊,一篇篇从头学到尾,直到把它的风格彻底研究透了,这才大胆跳槽……

不满足现状而又不思进取的人,往往只能停留在无止境的抱怨中,这样的人通常难有大的格局,也难以突破更高的人生层次。

时刻保持积极上进的心态,努力充实自己,才有可能远离你身边低层次的人,实现自我的逆袭。

正如张方宇在《单独中的洞见》所形容的那样:"只有弃绝,

才能达成心灵的超越和向更高层次的蜕变。"

林语堂曾说:"只有人能把自己的境界提高一个层次,才不会因为近期的抑郁而伤怀。"

我的旧同事小静,就是一个通过不断提升自己而最终走出抑郁的女孩。

当年,她暗恋男同事辉,却一直不敢说出口,只是用行动默默表达,比如买来他最喜欢的白菊花泡茶,得知他要参加业务考试,跑前跑后为他找来资料,下雨时宁肯自己淋雨,故意把雨伞忘在他的办公桌上……

辉当然不傻,他看出了小静的心意,非但不领情,反而做出了一件让大家瞠目结舌的事情:有一天,当小静又一次拿起他的水杯,悄悄地完成放茶叶、倒水的过程时,他突然站起来,把那杯茶香袅袅的热水,转身倒入了痰盂里,冷冷地说:"对不起啊,我现在不喜欢喝这种茶了!"

小静尴尬得面红耳赤,默默地回到自己的格子间,我看到她用一本书挡着脸,肩膀却一直在颤抖,分明是哭了。

后来,我们才知道,当时辉正在追另一个科室的女孩,她是我们一位副经理的女儿。

辉和那个女孩热恋后,每天在公司秀各种恩爱,故意拿小静当空气。当时,我们都以为小静会辞职。不料,这个不爱说话的女孩,天天照常来上班,认真地工作,除了偶尔对着窗外的梧桐树发呆，一切都和从前没什么两样。

半年之后，事情突然发生逆转，那位副经理被查出有贪污问题，虽然最后没有被判刑，却被公司辞退，他的女儿当然也跟着离开了。这时，辉居然厚着脸皮，反过来讨好小静：为她准备热茶水，替她倒垃圾……

小静却在这时选择了离开，她在宿舍里整理行李时，顺手从墙上撕下一幅明星的剧照。她把它翻转过来时，我看到上面还写着辉的名字，她十分感慨地说："天天要面对他，这半年可真难熬啊……"

"既然这么难受，你为什么现在才走？"

"其实，从他倒掉那杯热茶时，我就想立刻走人了。可是，我如果那样离开，就成了爱情的逃兵，会给自己的人生留下抹不去的阴影。所以，尽管我心里恨不得插翅飞掉，却坚持留下来，直到内心的伤口慢慢愈合。"

选择天天面对一个曾经伤害过自己的人，而不是简单地逃避，直到有一天，自己能够做到笑谈往事时，才从容地离开，只有内心强大的人才能做到。

豁达聪慧的小静，跟那个一心想要攀附权贵却又出尔反尔的辉，为人处世的层次显然不同，他们没有走到一起，对于小静来说，不是失去，而是一种幸运。

作家木木说过："群体的叠加，使得每个圈子都带有各自的能量场,高层次的圈子自带正能量场,而低层次的圈子则带着暗黑的负能量场。"

低层次的人往往在随波逐流中失去了自我成长的意识,他们最常做的事情就是一边怨天尤人一边安于现状,和这样的人长久在一起,你接收到的更多的是负能量。

远离你身边低层次的人,就是远离负能量的侵蚀。

如小鸟丰满了自己的羽翼才能翱翔远空,像宝剑磨砺了自己的刀刃才能释放锋芒,你只有积蓄自己的力量,提升自己的技能、眼界,不断调整人生的目标,才能看到更高、更远的风景,拿到通往更高格局新世界大门的钥匙。

远离你身边低层次的人。不是谁都能拥有这样的本领,如果你做到了,也就赢了。

06　所有的失恋，都是为了给真爱让路

邻居家的女孩突然出事了。

她本来有一个深爱的男友，两个人在一起也有好几年了，由于性格方面的原因，时常发生些小争执。他们也曾说过要分手，每次最多只是冷战两天，又会重新在一起。

半年前，在准备结婚装修新房时，他们吵得越来越厉害，两人一致表示情愿分手。

最开始分开的那段日子，她过得很平静，直到有一天，偶然听别人说，他已经开始相亲了，她第一时间打电话过去，对他破口大骂，对方也恼了，说："我们早就分手了，我要跟谁去相亲，跟你有一毛钱的关系吗？"

"我们在一起那么多年，他转眼就能去爱别人？我一辈子不可能原谅他！"她恨恨地对别人抱怨。

可是，你原不原谅，又关人家什么事？既然已经不爱了，他还

会在乎吗？当然不会。

不久，又传来了他要跟另一个女孩结婚的消息，她一言不发地把自己关在屋子里，当天晚上就吞下了大半瓶安眠药！

幸好被家人及时发现，她被送到医院，算是捡回了一条命。发生这样不幸的事情，从头到尾，她男友都不曾出现，连一个表示问候的电话也没有，她这才算彻底对他死了心。

遇到不适合自己的人，不管谈了多久，在婚前失恋，总比结婚之后天天生活在硝烟弥漫之中，要幸运得多。

看清楚了这一点，放下过去，才能迎来柳暗花明的未来，而这才是一个人在失恋时，最应该做的事情。

"我喜欢这里蓝蓝的海。我更喜欢有你的陪伴……"

这几天翻开表姐的朋友圈，看到她在频频秀恩爱。

我留言嘲笑她："不要这么肉麻好不好？"心里却为她的幸福而开心。

三年前，表姐在一所学校当老师，她相恋两年的男友，就在距离不远的另一所学校工作，他常常来宿舍找她，两人一起谈天说地，情意绵绵。

不知从哪天开始，男友来找表姐的次数越来越少。她主动去找他，他也常有各种借口躲，有时他分明知道她就在宿舍里等着，却故意和学生们在操场打篮球……

这段莫名就变了味的感情，把表姐弄得心神不定，她拼命检讨自己的缺点，却发现自己对他越好，他躲得越远。

表姐一气之下辞了职，本来就酷爱旅游的她，在自我疗伤之余，一边打工一边看世界。

就在一年前，她在旅途中认识了现在的爱人，两个人性情和爱好都十分相投，一场甜蜜的恋爱就拉开了帷幕。

不久前，他们的爱情终于瓜熟蒂落，携手走进了婚姻。

表姐度蜜月归来不久，恰巧遇到一位爱八卦的旧同事，她说："那时，你的男朋友爱上了跟你同宿舍的那个女孩，他们背着你多次偷偷约会呢！不过，这个乱劈腿的花心男，最后也没能如愿娶到她……"

我问表姐："你现在还恨他吗？"

她摇摇头，淡淡一笑："没有他当初的伤害，哪有我现在的幸福？"

同样是失恋，我认识的另一个女孩晓晓，最初也曾有过撕心裂肺的痛。

但是痛过之后，她却冷静地告诉自己：既然分手已经注定，从此世界上少了一个爱自己的人。那么，自己要爱自己多一点儿，也要把自己从前对他的爱，慢慢转移走。

她养了一条小狗，每天都会耐心地帮它洗澡。傍晚带它下楼散步，一起绕着小区的花坛一圈又一圈地走。给它准备丰盛的食物，比如饼干、沙丁鱼、火腿等。

当然，她也不肯亏待自己，反正没有人陪着吃饭，索性就让这个过程变得慢一点儿，夜幕初降，打开屋子里所有的灯，拿出精美的餐具，打开电磁炉上的小火锅，放入微辣的底料，把豆腐皮、生菜、虾丸、新鲜的羊肉片全都丢进去，慢慢煮，慢慢吃，听着音乐，一个人，一顿饭，能吃很久，把许多的眼泪，都吞了下去。

她出去遛狗时，时常碰到住在隔壁单元的男孩，他说自己也喜欢狗，两个人共同的话题就很多，她心里的乌云开始悄悄散去。

后来，那个男孩开始追求她，他说已经记不清有多少次了，他从外面回来，总看到她独自坐在一楼临窗的位置吃饭，他从来不知道，原来一个人也可以把饭吃得如此有滋有味，他想在余生跟她一起吃很多很多的饭，走很多很多的路。

他们结婚的时候，小狗也穿上了喜庆的衣服。

如今，她已拥有自己的孩子，他们一家最喜欢待的地方就是厨房，大人、娃娃、狗狗在一起戏耍玩闹个不停。

巴尔扎克曾经说过：既然失恋，就必须死心，断线而去的风筝是不可能追回来的。

有的人在失恋时，总是不甘心失败，做出种种努力，却发现自己在他面前，流泪不对，哀求不对，回忆过去也不对。

最后，连你的存在也是不对的。

因为，他已经不再爱你了。你为挽留做出的种种努力，都只会让对方觉得你更不堪。

不如对他死心吧！

如同张小娴说的那样："就像成名要趁早，失恋也要趁早。早失的恋，可以趁着还有大把青春的时候再恋爱。"

那么，如果命中注定要失恋，就让它来得早一点儿吧。

未经失恋，不懂爱情；未经失意，不懂人生。

你要知道，当你失恋时，你不过是失去了一个不再爱你的人。

你要相信，所有的失恋，都不过是为了给真爱让路。

07 那个很爱钱的姑娘,后来怎么样了?

因为喜欢码字,被动或主动加入了不少群。

那天打开手机,看到有位编辑在一个副刊群里说,欢迎大家给她投稿。

有位作者问了一句:"请问稿费标准?"

对方答:"稿费不高,几十元一篇,那么在乎稿费吗?"

说实话,身为一个超级码字狂,看到这样一个反问句,我的第一感觉只有三个字:不舒服。

接下来,我看到这位作者说:"身为作者,问一下稿费,不可以吗?稿费是报纸杂志对作者的尊重,也是作者的应有报酬。不在乎稿费的作者,我没见过,连鲁迅都曾经讨要稿费。"

这真是说出了作者的心声,我感觉这样的回答很痛快。因为我也是一个在乎稿费的人!不在乎稿费的人,倒不是没有,尤其是对初写者来说，稿子能变成铅字，是一件令人兴奋的事情，那是一种劳动成果得到承认的欣喜，有没有稿费，倒成了相对次要的事情。

但是，也只是了暂时的次要罢了，没有人跟钱有仇，有名有利，岂不是更好？

码字本身并不容易，辛辛苦苦坐在电脑前敲出一篇篇心血之作，然后投到编辑邮箱里，你喜欢就拿去，拿去就要付报酬。凭什么作者关心一下你能给多少钱，就要受到这样的质问？

好吧，你不喜欢谈钱，那你报纸上刊登的那些广告，也不要管人家要钱，文字是多么高尚的精神追求，跟钱扯在一起多庸俗，你们肯吗？

相比之下，我很欣赏当下一些自媒体的做法，点开他们的公众号，在关于投稿的栏目里，清清楚楚说明大概多少钱一篇，作者看着合适就投，不适合就走，这样高度透明，不仅节约了双方的时间，也避免了口舌之争，我有好稿子给你，你赚点击量，我赚稿费，皆大欢喜。

关于稿费的话题，我在之前的文章中也提到过，当时有位读者留言：其实大家都在乎钱，只是不好意思像你这样坦率地说出来。

我有个搞软件开发的朋友，就曾因为"不好意思谈钱"，惹了不小的麻烦。

朋友的一位邻居，自己经营着一家公司，找到他说想把宣传网站美化一下。当时，邻居没直说要付多少钱，朋友也没问，只是一口答应下来。不巧的是，朋友当时接了一个更大的工程，每天几乎忙翻了天，只能天天晚上熬夜做这件事情。

当时，他的爱人正处于怀孕初期，食欲不振，时常呕吐，他一心只想赶快完成手里的活儿，然后再好好陪她。于是，他连续好几天熬夜，反复修改模板，一遍遍美化效果，终于将这件事圆满完成了。

接下来，朋友以为邻居应该问一下报酬的事情了。有一天，邻居果然主动登门来了，手里拎了一瓶酒和几样下酒菜，满脸笑意地说："咱们可得好好喝几杯，这次网页改版的事情多亏了你，访问量一下子就涨上去了！"

朋友吞吞吐吐，不知说什么才好，他爱人看不下去了，直接对邻居说："他的胃不太好，喝酒还是免了吧，您把网页制作费给了就好。"

她的话音刚落，邻居脸色就变了，说："咱们谁跟谁，互相帮个小忙，对你们来说是举手之劳，谈钱不就远了吗？"

朋友只好直言相告："其实，网页改版这种事情，真不是您想象中那样，画几张图，点几下鼠标就能完成的……"

邻居打断他，冷冰冰吐出三个字："多少钱？"

本来，按照当时的行情，朋友至少应该收1万元，但他考虑到邻里关系，还是直接报出了8000元的折扣价。

第二天，邻居倒是如数把钱送来了，但从此看见他像仇人似的，还到处说他这人做事如何不地道，专门宰自己人，弄得他在熟人面前都抬不起头来。

其实，朋友当初如果直接报出价格，邻居感觉不适合，可以去找别人。你不好意思谈钱，最后还是绕不开钱，早说和晚说却导致了结果的不同。

直接告诉对方，自己在乎钱，我要买房买车，我要养老婆和孩子，柴米油盐哪一样都离不开钱，我愿意为钱付出劳动，我要用劳动换来的钱提升生活品质，没什么不好意思的。

不久前，我有机会认识了一位优秀的心理咨询师小杨，她拥有自己的工作室已经十年，每位想去拜访她的人，走进工作室就可以看到一张价目表，上面清清楚楚地写着：面谈，每小时收费60元，电话或网络约谈，每小时收费50元。

这样的收费标准，在我所生活的这座城市，算不上太高，但也不低。

小杨最开始从事心理咨询工作时，有人不管在外面吃饭或逛街遇到她，都会张口就问："我最近情绪不太好，你看我是不是有抑郁症？"

弄得她想好好吃饭、逛逛街的心情都没有了。

更重要的是，这些人把免费向她求助不当回事，滔滔不绝说上半天，转身就走，还把她所有的忠告当耳旁风，下次遇见，继续向她倾倒垃圾情绪……

后来，她直接定下了一条规矩：所有前来咨询的人，一律明码标价收费。并且，不在工作室之外的地点接受任何咨询。

因为这条规矩，她得罪了不少亲朋好友。

但是，这样做其实也为她节约了许多精力和时间，至少拦住了那些无病呻吟的人，让自己有机会帮助那些真正有需求的人。

一次，在跟我聊天时，小杨曾经说："许多人对心理咨询行业不理解，以为不过是找你聊聊天，收那么多钱？其实做这个行业是非常累的，在看似短短的一个小时之内，咨询师要承受受助者所有的消极情绪，并要努力找出问题的根源，再给予恰当的帮助。时间久了，咨询师本身承受的压力也很大，需要定期找比自己更高一级的老师督导，同样要付出很多精力和金钱……"

如今，在许多人眼里"只认钱"的杨老师，名气越来越大，有不少患者从她这里得到重生，她自己凭借劳动所得，早已经买房买车，每年她总会找时间给自己放个假，带着家人出去旅行，为自己的身心解压。

有人对小杨的成功十分眼红，我却觉得，她的付出，配得上她的拥有，一个人靠自己的本领赚来财富，想怎么消费都是人家自己的事情。

张爱玲曾经说过:"我喜欢钱,因为我没吃过钱的苦,不知道钱的坏处,只知道钱的好处。"

岂止是张爱玲,这世间也许有人没吃过钱的苦,但谁又会不知道钱的好处呢?因为,这世间有些东西,的确是钱买不来的,但有更多的东西,却是必须有钱才能拥有的。

就拿我们的大文豪鲁迅来说,据有关资料记载:他当年从在教育部任职,一直到去世,总共收入12万多银圆,约合今天人民币480万元,这些收入充分保障了他在北京四合院和上海石库门楼房的写作环境。在生命的最后九年,鲁迅更是几乎完全靠版税和稿费生活,每月收入七百多元,相当于现在的两万多元。

当年,鲁迅还曾经差点儿为了稿费打起官司:他有一位开书局的学生李小峰,生意做得挺大,分明赚到了许多钱,却故意拖欠恩师的版税,最开始是几个月,后来长达三四年之久。如果不是鲁迅后来发飙,直接给李小峰发信函,警告不尽快结算版税就要提起诉讼,他说不定还会一直拖欠下去,哪会舍得一次性结清版税余款?

这下,你应该明白,为什么鲁迅能活得那么傲然了吧?因为他很有钱。

有钱,不仅能够带来足够的安全感,还是一个人思想自由、人格独立的保障。每一个用自己正当的劳动换取报酬的人,都应该被尊重,不管他从事的是什么行业。

所以,你没看错,我就是一个这么在乎钱的人啊。

我这么辛苦地努力赚钱,希望自己有钱,就是要等到有那么一天,万一我和我的家人,遇到只有钱才可以解决的难题时,我可以不在乎钱。

08　婚姻里，女人最怕失去的是什么？

一天深夜，一位好友在微信上给我留言：失眠啦！白天让我家小朋友的一句话给震撼了！伤心，失意，纠结，后悔……总之，各种难过，你懂吗？

我不懂，于是睡眼蒙眬地发过去一个大大的问号。她很快为我讲了事情的原委：

昨天下午，她去幼儿园接女儿放学。当时，大部分小朋友都已经走了，只剩下几个参加舞蹈学习的孩子。她等了一会儿，看到女儿穿着舞蹈服出来了，边走边和小伙伴们聊天。

一个小朋友说："我妈妈是理发师，你看她给我扎的小辫子多好看！"

一个小朋友说："我妈妈在银行上班，每天能数好多好多钱，手可厉害了！"

另一个小朋友不服气："我妈妈开着超市呢，好多吃的，想吃什么就吃什么!"

她的女儿不甘落后,也抢着说:"我的妈妈是个做饭的,她总是在厨房里,除了做饭,还是做饭……"

几位家长都被逗乐了,她却被女儿的话刺痛了。

自从生完孩子,她就没有再出去工作。除了照顾孩子,每天最主要的任务就是安排一日三餐。

孩子早晨睁开眼睛,看到妈妈在厨房做饭;晚上睡觉前,又看到妈妈在厨房准备第二天的早餐。在她眼里,妈妈可不就是个做饭的嘛!

朋友委屈地说:"当年,我在单位也算个小小的中层干部,因为怀孕身体太差才辞了职。没想到,隔了短短的几年,我在女儿眼中的本领竟然是只会做饭,这样下去,早晚得被她嫌弃!"

其实,她生完孩子之后,有好几次不错的工作机会,都因为她过惯了在家里睡到自然醒的状态,最后——放弃了。

一个当妈妈的,放弃了自我成长,如今被女儿嫌弃,又能怪谁?

好在,她现在醒悟得不算太晚,一切都还来得及。

那天,我安慰了朋友一番,重新进入梦乡之际,还在心里为自己庆幸:像好友这样,被女儿认为只会做饭的情形,在我家一定不会上演。因为我每天凌晨4点就起来码字,8小时之内上班,下了班不是看书,就是继续码字。我这么努力这么勤奋,就是要成为女儿的好榜样。将来总有一天,她应该会为有这样一位励志的妈妈而骄傲吧？

不料，事隔没几天，我这番自我安慰就被现实狠狠地打了一个响亮的耳光。

那天是周末，照例是我带女儿去图书馆的日子。我们去得早，图书馆的人不算太多，女儿跑到幼儿绘本专区，我则在文学名著区浏览。不知什么时候，女儿拿着一本书跑了过来。

此时，在我们旁边看书的，还有一位年龄和我相仿的女子，她从我身边经过时，身上有着淡淡的香水味。女儿忽然指着她的背影，噘起小嘴，满脸不高兴地说："看，人家那个阿姨都穿高跟鞋，我的妈妈都不穿！"

我抬眼望去，那女子果然踩着一双细高跟的蓝色凉鞋，衬着白色碎花的连衣裙，看起来颇有风韵。

哈哈，一个不满三岁的臭丫头，也懂得欣赏别人，我还没来得及说些什么，她却继续自言自语起来："阿姨穿高跟鞋，我的布娃娃也有高跟鞋，我的妈妈什么都没有……"

这下，可轮到我汗颜了。我本来就是个对穿衣打扮不太讲究的人，一件羽绒服能支撑一个冬天，一件喜欢的背心，晚上洗了，白天继续穿，也是常有的事。

自从有了女儿，我穿衣更加不修边幅，仅有的两双高跟鞋早就被打入冷宫，衣服一律是宽大的休闲装，鞋子全是平底无跟的。

我整天走路带风，匆匆忙忙，还自以为这样是文艺范儿，没想到连我家不满三岁的女儿，都开始嫌弃我的不讲究了！

我自己如此不修边幅，又能把自己的女儿培养成什么样子呢？

毕竟，穿衣代表一个人的审美观和个性，孩子今天的穿衣打扮会融入她的气质。一个人不一定名牌加身，但是穿对衣服会让她更加热爱生活；一个追求美好的人，也能活得更漂亮。

当晚，我认真地浏览网页，把两件心仪的裙子和一双半高跟的鞋子一起放进了购物车。就算为了女儿，我也到了升级改造自己的时候了。

一位注重仪表把自己打扮得端庄漂亮的妈妈，更容易培养出美丽大方的女儿，而命运在更多的时候，总是更青睐于会生活的人。

就好像玛格丽特·米切尔在《飘》中说的那样："漂亮的衣服和清秀的面容就是她征服命运的武器。"

活得漂亮的妈妈，带出来的孩子无论在什么境遇都会很有底气。这让我想起母亲家的邻居梅姨。

她嫁到这条胡同里来的时候，刘家正是旺字当头，父子两个联手做生意，在当时摩托车还不是太多的小城市，他们家早早就有了轿车。

梅姨先后生下一儿一女，孩子们每天穿着漂亮的衣服，由保姆接送，梅姨跟在后面，手里时常提着最新鲜的点心。她身穿旗袍，袅袅婷婷走路的样子，成为胡同里一道动人的风景。

有一年，他们全家告别了老屋，只留下一个远房亲戚看门，据说是在城市最繁华的位置，买了宽敞豪华的别墅。

正当我淡忘了关于梅姨一家的记忆时，忽然有一年，他们全家又搬了回来。母亲叹息着说，刘家的公司破产，老爷子中风去世，别墅也让银行拍卖了抵债……

这时的梅姨，脸色竟然一如从前的淡定，丝毫看不出落魄的迹象。没有了轿车，她进进出出换成了自行车，旗袍和高跟鞋仍然不离身。

她把门前的空地开发了，种了豆角、茄子和西红柿，还有各种叫不上名字的花草，再用稻草扎了篱笆，上面爬满了紫色的牵牛花。

她常常坐在花架前，教孩子们背书，一张青石板支起的小桌上，他们有板有眼地念着：江南可采莲，莲叶何田田。

她在一口旧水缸里养了睡莲和几尾红色的小鱼，鱼儿欢畅地游来游去。

她找铁匠做了一种模子，在普通的蜂窝煤炉子上面，烤出带有好看花纹的蛋糕。

她用最便宜的布缝了窗帘，却别出心裁地补上一只只小鸟，风吹帘动，鸟儿蹁跹，极为活泼生动。

她还把旧衣服重新染了色，给自己和女儿做了一模一样的旗袍。

梅姨在照料孩子之余，还给别人织毛衣赚钱补贴家用。她的丈夫在一家公司当小职员，收入有限。虽然家境不似从前富贵，但梅姨家的日子却和以前一样过得有滋有味。

她这种恬静淡定的心态,潜移默化地影响着一双儿女。他们从小到大都是教养很好的孩子,十几年之后,都考上了不错的大学,先后在城里安了家。

梅姨还住在老胡同里,早晨时常穿一身素白的衣裙出门,到公园里去舞长剑,头发早已经花白的她,裙裾飘飘,动作从容,岁月的沧桑似乎从来没有在她身上留下痕迹。她虽然美貌不再,却仍然像当年一样,浑身上下都有一种气质。

像梅姨这样,任何时候都宠辱不惊,保留闲看庭前花开花落的情趣,不仅是孩子们心中的榜样,更是一个女人最自在的活法。

三毛曾经说过:有家产和有家教没有太大关系。

一位妈妈能够给予孩子最好的家教,不是送她上收费昂贵的补习班,让她出入有豪车,也不是用名牌衣服打造什么明星范儿。

一位优秀的妈妈,不会永远只围着厨房里的灶台打转,让孩子以为她只是个做饭的。

一位优秀的妈妈,同样不会总是不修边幅,让孩子也缺乏必要的审美观。

同样,不管现实生活多么残酷,一位优秀的妈妈也会像魔术师一样,用各种情趣填补拮据的日子,教孩子从容面对生活的风雨,而不是自己首先沦落为喋喋不休的怨妇。

于丹老师曾说:"家庭教育是一个人价值观形成的基础。"一个人能否成功,与其童年是否具有成功潜质的性格有很大关系,而这种性格品质往往都是在父母的精心培养之下养成的,这其中,作为跟孩子接触最多的妈妈,责任尤其重大。

想要教育好孩子,言传不如身教。

因为一位妈妈对自己行为举止、仪表的注重,对自我成长的重视,就是对子女最首要也是最重要的教育。

与孩子同步成长,做孩子一生的舵手,才是一位妈妈能够给予孩子最好的陪伴。

而与伴侣同步成长,做自己一生的守护者,也是一个女人能够给予自己的最好陪伴。